Müller-Seitz/Weiss
Strategien zur Umsetzung der digitalen Transformation

Strategien zur Umsetzung der digitalen Transformation

Einblicke in die Erfolgsfaktoren eines Hidden Champions

von

Gordon Müller-Seitz

Werner Weiss

Verlag Franz Vahlen München

Univ.-Prof. Dr. habil. Gordon Müller-Seitz ist Inhaber des Lehrstuhls für Strategie, Innovation und Kooperation an der TU Kaiserslautern.

Werner Weiss ist geschäftsführender Gesellschafter und Mitgründer von Insiders Technologies.

ISBN 978 3 8006 5923 4

Satz: Fotosatz Buck
Zweikirchener Str. 7, 84036 Kumhausen
Druck und Bindung: Druckhaus Nomos,
In den Lissen 12, 76547 Sinzheim
Umschlaggestaltung: Ralph Zimmermann – Bureau Parapluie
Bildnachweis: © deltaoff – depositphotos.com
Gedruckt auf säurefreiem, alterungsbeständigem Papier
(hergestellt aus chlorfrei gebelichtem Zellstoff)

Vorwort

Die digitale Transformation betrachten wir beide als faszinierendes Phänomen. Dies gilt zu gleichen Teilen für die Betrachtung aus Perspektive der Managementforschung sowie auch -praxis. Daher ist es nicht verwunderlich, dass der Anreiz groß war, unsere Gedanken im Sinne der Leibniz'schen theoria cum praxi Prämisse auszuformulieren und dieses Buchprojekt auch als Dialog zu gestalten, indem wir korrespondierende Theorie- und Praxispassagen präsentieren.

Mit dem vorliegenden Beitrag wollen wir daher auch Personenkreise in Forschung und Praxis gleichermaßen ansprechen. Im Bereich der Forschung versteht sich diese Monographie als Impulsgeber für Mitarbeiterinnen und Mitarbeiter in der Forschung sowie als Theorie und Praxis verbindender Einstieg in die Thematik für Studierende, die dezidiert nach einer managementorientierten Perspektive suchen. Für Führungskräfte bieten wir praxisorientierte Anregungen und innovativ-konzeptionelle Impulse, die Herausforderungen der digitalen Transformation bewältigen zu können.

Das Werk entstand dabei nicht aus dem Nichts heraus, baute vielmehr auf einem etablierten Gedankenaustausch und verschiedensten Formen der Zusammenarbeit in den Feldern Forschung, Lehre und Praxis auf. Das vorliegende Buch stellt dahingehend den Versuch dar, zentrale Ideen zum Umgang mit dem Management der digitalen Transformation zusammenzufassen.

Natürlich möchten wir zu guter Letzt noch hervorheben, dass wir mit Blick auf dieses Buchprojekt auf bewährte Unterstützung und Inspirationsquellen zurückgegriffen haben. Neben der leidenschaftlichen Begeisterung für das Thema an sich profitieren wir von Impulsen der Arbeitsgemeinschaft zum ‚Management der digitalen Transformation' des Fachbereichs Wirtschaftswissenschaften an der Technischen Universität Kaiserslautern sowie der Science and Innovation Alliance Kaiserslautern. Außerdem sind Dirk Steffens und Philipp Heintz mit Blick auf Korrektur, kritische Reflexion und Formatierungsarbeiten zu erwähnen, denen für ihre Unterstützung großer Dank gebührt sowie Michael Ehresmann, Stephan Stuhlmann und Robin D. Schulz für ihre persönlich geschilderten Eindrücke. Außerdem möchten wir uns beim für uns fachlich zuständigen Lektoratsleiter, Herrn Thomas Ammon, vom Franz Vahlen Verlag bedanken.

Kaiserslautern, November 2018

Gordon Müller-Seitz und Werner Weiss

Inhaltsverzeichnis

Darstellungsverzeichnis

1 Motivation und Zielsetzung

Kompakt:

Nach der Lektüre dieses Kapitels sind Sie in der Lage, …

- … die Relevanz der digitalen Transformation auf volkswirtschaftlicher Ebene zu skizzieren,
- … die Bedeutung für Unternehmen herauszuarbeiten,
- … die Besonderheiten mittelständischer Unternehmen und die damit verbundenen Herausforderungen für das Management der digitalen Transformation reflektieren zu können sowie
- … den Aufbau des Buchs zu kennen.

1.1 Die digitale Transformation – tiefgreifend und allgegenwärtig

Die digitale Transformation hat viele neue Produkte und Dienstleistungen hervorgebracht, die mittlerweile schon selbstverständlicher Bestandteil unseres Alltags sind: Die Handy-App für das Auffinden des nächstbesten italienischen Restaurants, das Navigationsgerät im PKW oder das ‚Googeln' als quasi erste Handlung, wenn Informationen irgendwelcher Art gesucht werden. Dadurch sind aber auch viele physische Produkte nahezu verschwunden, die früher unseren Alltag bestimmt haben: Reiseführer mit Restauranttipps, Straßenkarten, Telefonbücher, Lexika etc.

Nun war es zwar schon immer so, dass neue, bessere Lösungen die alten, minderwertigen Produkte verdrängt haben (wie etwa der PC die Schreibmaschine). Mit der Digitalisierung unserer Lebenswelt haben sich aber die Schnelligkeit und Tiefe dieser Veränderungen drastisch verschärft. Diese Tatsache stellt den zentralen Grundgedanken und damit auch den Beweggrund für das Verfassen dieser Monographie dar. Vor besondere Herausforderungen stellt dieser schnelle und drastische Wandel die Unternehmen. Wie es Unternehmen gelingen kann, diese Herausforderungen zu meistern, möchte dieses Buch zeigen. Daher ist das Hauptanliegen dieser Monographie das Management der digitalen Transformation aus Sicht von mittelständischen Unternehmen.

Im Grundsatz herrscht große Einigkeit darüber, dass durch die digitale Transformation nahezu sämtliche Lebensbereiche und alle Aspekte wirtschaftlichen Handelns weltweit beeinflusst werden (Brynjolfsson und McAfee 2016; Frey und Osborne 2017; Schwab 2016; Kagermann et al. 2013). Der Begriff der digitalen Transformation ist zwar noch vergleichsweise jung, wird aber dennoch in immer breiterem Kontext in Politik, Wissenschaft und Wirtschaft diskutiert. Häufig stehen dabei aber (noch) technische Fragestellungen im Vordergrund (Lingnau et al. 2017a). Weitaus seltener wird die Frage thematisiert, was es für das Management bedeutet, wenn die Arbeits-, Organisations- und Marktprozesse zunehmend auf modernen Informations- und Kommunikationstechnologien basieren. Dabei darf die Relevanz des Managements als ‚Gestalter' der digitalen Transformation keineswegs unterschätzt werden (Parsons et al. 2017; Lingnau et al. 2017a). Es geht also im Kern um die Frage, wie der tiefgreifende Wandel unterschiedlicher Aktivitätsfelder in und zwischen Organisationen von analogen hin zu digitalen Abläufen aus Sicht des Managements mittelständischer Unternehmen ausgestaltet werden kann.

Anfänglichen Vermutungen, es könne sich bei der digitalen Transformation möglicherweise lediglich um eine Mode oder einen Trend handeln (Abrahamson und Fairchild 1999; Kieser 1996), kann mittlerweile mit hinreichender Sicherheit eine Absage erteilt werden. Begründet werden kann dies mit den jetzt schon zu beobachtenden nachhaltigen Umbrüchen, die durch die Digitalisierung ausgelöst wurden und noch werden (Brynjolfsson und McAfee 2016; Ford 2015; Frey und Osborne 2017; Lingnau et al. 2017b; Schwab 2016). Diese Umbrüche finden auf zwei Ebenen statt: Zum einen verändert die digitale Transformation unsere Gesamtwirtschaft als System und hat damit Auswirkungen für alle wirtschaftlichen Akteure. Zum anderen stellt die Digitalisierung die Unternehmen vor ganz besondere, neuartige Herausforderungen. Beide Perspektiven sollen im Folgenden näher illustriert werden.

Auf der gesamtwirtschaftlichen Ebene finden tiefgreifende Umwälzungen statt, die bereits Ende des letzten Jahrhunderts ihren Ursprung haben. Mit Beginn der Automatisierung in vielfältigen Bereichen der Unternehmenslandschaft (z. B. in der Fertigung) sowie dem E-Commerce (z. B. Online-Shopping) wurden schon die ersten Weichen für darauffolgende technologische Weiterentwicklungen gestellt (Kagermann et al. 2013). Mittlerweile sind die Phänomene Digitalisierung und Automatisierung in allen Branchen und für die unterschiedlichsten Aktivitäten zu beobachten. So werden Roboter nicht mehr nur für einfache und repetitive Aufgaben in der industriellen Massenproduktion eingesetzt. Vielmehr kommen diese mittlerweile sogar im Rahmen von Pflegedienstleistungen oder Bergungsarbeiten zum Einsatz, die den betreffenden Robotern wesentlich mehr Geschick und (künstliche) Intelligenz abverlangen (Ford 2015). Die Digitalisierung der Wertschöpfungskette birgt je nach Branche ganz neue Möglichkeiten, wie beispielsweise die Optimierung von Produktionsprozessen (Müller-Seitz 2017b). So kann die Verknüpfung intelligenter Systeme laut einer empirischen Studie von Klei et al. (2017) ein Kostenreduktionspotenzial bei Produktionsprozessen von bis zu 30 % erzielen. Auch der Einsatz von künstlicher Intelligenz gewinnt zunehmend an Bedeutung, da immer mehr Rechenleistung von Computern zur Verfügung steht und damit einhergehend mehr Möglichkeiten zur Optimierung durch auf künstlicher Intelligenz basierende Aktivitäten eröffnet (Makridakis 2017, 49). Auch direkte menschliche Interaktionen werden nunmehr teilweise automatisiert. So werden Mitarbeiter[1] in Call-Center heutzutage teilweise durch künstlich intelligente Chatbots ersetzt. Angesichts der Tatsache, dass die Digitalisierung meist als exponentielle Entwicklung modelliert wird, an deren Anfang wir aktuell noch stehen, ist davon auszugehen, dass in diesem Bereich noch Potenziale verborgen liegen, deren Ausmaß heute noch nicht abschätzbar ist.

---

[1] Aus Gründen der Lesbarkeit wird grundsätzlich die maskuline Form verwandt.

Jedoch birgt der Wandel nicht nur große Chancen, sondern gleichermaßen Risiken von unbekanntem Ausmaß. Aus Sicht der Unternehmen fordert die Digitalisierung diesen einen immensen Investitionsaufwand ab, der insbesondere für mittelständische Unternehmen ein hohes Risiko darstellt (Tidd und Bessant 2013). Aber auch gesellschaftliche Konsequenzen sind zu beachten. So befassen sich einige Studien beispielsweise mit der Zahl bedrohter Arbeitsplätze durch das Aufkommen digitaler Alternativen und prognostizieren, dass mehr als die Hälfte der von ihnen untersuchten Arbeitsplätze gefährdet sind (z. B. Frey und Osborne 2017). Eine Studie des McKinsey Global Institute (Manyika et al. 2017) schätzt das disruptive Potenzial sogar noch höher ein und geht davon aus, dass bis 2030 sogar bis zu 800 Millionen Arbeitsplätze durch Automatisierung ersetzt werden könnten. Jede Branche kann und wird von diesem Umbruch betroffen sein und sich nachhaltig verändern.

Die Umbrüche der Umwelt haben historisches Ausmaß in Bezug auf Größe, Geschwindigkeit und Einfluss. Daher wird die digitale Transformation häufig mit dem Begriff Industrie 4.0 (Kagermann et al. 2013) betitelt, welcher implizieren soll, dass es sich um eine vierte industrielle Revolution handelt.

Dieser Charakter der digitalen Transformation als eigene vierte industrielle Revolution – und eben nicht als Teil der dritten industriellen Revolution – wird von Schwab (2016) anhand von drei Gründen belegt. Zuerst wird die rasante Entwicklung als eindeutiger Indikator hervorgehoben. Im Gegensatz zu den linearen Fortschritten der bisherigen industriellen Revolutionen entwickeln sich der technologische Fortschritt sowie neue Trends heute exponentiell. Diese Entwicklung ist das Resultat einer tief vernetzten Welt, in der wir leben. Außerdem ist es der Tatsache geschuldet, dass heute neue Technologien zum Teil auf Basis von künstlicher Intelligenz sogar selbstständig noch neuere und leistungsfähigere Technologien hervorbringen können (Brynjolfsson und McAfee 2016).

Der zweite Grund liegt in dem weit größeren Einflussbereich der vierten industriellen Revolution. Sie betrifft nämlich nicht nur intelligente und verknüpfte Maschinen und Systeme. Vielmehr treten simultan Wellen von technologischen Durchbrüchen auf, etwa in Bereichen von beispielsweise Gensequenzierung bis hin zu Nanotechnologie, von erneuerbaren Energien bis hin zu Quantencomputern. Es ist die Fusion dieser Technologien und ihre interdisziplinäre Erforschung und Erprobung über physikalische, digitale und biologische Domänen hinweg, welche die vierte industrielle Revolution grundlegend von den vorherigen unterscheidet.

Der dritte Grund besteht in dem hohen Potenzial zur Disruption, das der Digitalisierung innewohnt. Unternehmen wie etwa Alibaba, Airbnb, Netflix oder Uber waren bis vor ein paar Jahren noch weitestgehend unbekannt. Das allgegenwärtige iPhone wurde zum ersten Mal im Jahr 2007 eingeführt – bis Ende 2015 waren bereits 2 Milliarden Smartphones auf dem Markt. Diese Beispiele zeigen, dass durch Digitalisierung alte Machtverhältnisse, bestehende Branchenstrukturen und vieles mehr in kurzer Zeit tiefgreifend verändert werden – ja, teilweise ‚über den Haufen geworfen' werden können. Solche disruptiven Effekte treten im Zusammenhang mit der digitalen Transformation in großer Zahl auf.

Zusammengefasst stellt der skizzierte dramatische Wandel Unternehmen vor große und neuartige Herausforderungen, die vor allem Mut zur Veränderung, großer Investitionen und der Entwicklung neuer Strategien bedürfen.

Gleichzeitig eröffnet diese Entwicklung aber auch neue Potenziale für Innovationen. Um diese Potenziale zu nutzen, werden derzeit vor allem in Großkonzernen innovationsförderliche Organisationsstrukturen geschaffen. Diesen speziellen Innovationseinheiten – den sog. unternehmerischen Innovationszentren (z. B. Hubs, Inkubatoren, Akzeleratoren) – fällt die Rolle zu, für eine gesamte Unternehmung Innovationen zu entwickeln sowie neue Anwendungsfelder für bestehende Technologien zu finden. Das Innovationspotenzial des gesamten Unternehmens kann so gebündelt und gesteuert werden. In all diesen Innovationsabteilungen steht dabei zunehmend die Thematik der Digitalisierung im Mittelpunkt, wie z. B. im Zuge der Auseinandersetzung mit den Themenfeldern des Internets der Dinge oder Big Data (Solis et al. 2016, 10). Auf diesem Wege versuchen Unternehmen, die Chancen der digitalen Transformation in den Vordergrund zu rücken und sich durch Innovationen auf den zunehmend dynamischen Märkten neu zu positionieren und langfristig zu etablieren.

Die zweite Ebene, auf der tiefgreifende Veränderungen zu betrachten sind, ist die Ebene der Unternehmen. Hier kann zunächst konstatiert werden, dass die Digitalisierung mit dem Aufkommen einer neuen Ressource einhergeht, die zunehmend als Basis für ganze Geschäftsmodelle dient und andere Ressourcen – wie etwa physische Assets – obsolet werden lässt. Die Rede ist von (digitalen) Daten. So können digitale Daten für Unternehmen als „das neue Öl des Digitalen Zeitalters [verstanden werden, da Daten] in unverarbeiteter Form […] relativ nutzlos [sind], aber wenn es gelingt, durch aufwendige Verfahren und Analysen Struktur in die Daten zu bekommen, dann können sie zur Beantwortung von neuen Fragestellungen genutzt werden“ (Klein et al. 2013, 319).

Auch wenn es mittlerweile unumstritten scheint, dass die digitale Transformation mit massiven Veränderungen einhergehen wird, so scheinen viele Unternehmen den Wandel noch zu ignorieren oder zu bagatellisieren. Der Verweis, es handle sich lediglich um einen derzeit viel diskutierten ‚Hype‘ oder ‚vorübergehenden Trend‘ ist dabei ein geläufiges Argument. Dass eine solche Haltung desaströs sein kann, zeigen jedoch Beispiele wie Nokia oder Siemens mit Blick auf ihre Handysparten oder der Konzern Kodak. Denn Kodak ignorierte die digitale Transformation und ruhte sich auf seinen einstigen bzw. zu damaligem Zeitpunkt noch aktuellen Erfolgen aus. Das Top Management ignorierte die damals aufkommende Digitalfotografie wiederholt, verbunden mit dem Verweis auf die – damals noch zutreffende – Beobachtung, dass die Digitaltechnologie gegenüber der analogen Fotografie unterlegen sei.

Aber selbst wenn die Relevanz der digitalen Transformation erkannt wird, mangelt es den Unternehmen vielfach an Willen und Fantasie, wie der Wandel zu bewältigen ist. Viele Unternehmen sind immer noch unzureichend darauf vorbereitet (Leyh et al. 2018).

Diese Beobachtung betrifft insbesondere mittelständische Unternehmen, die sich im Gegensatz zu Großkonzernen in der Regel keine eigenen Abteilungen oder Innovationszentren für die digitale Transformation leisten können, um ihren Wettbewerbsvorteil nachhaltig aufrecht zu erhalten (Leyh und Bley 2016; Saam et al. 2017). Eine der größten Herausforderungen in diesem Zusammenhang ist es, das neue technologische Wissen mit den ursprünglichen Produkten zu verknüpfen und so Geschäftsmodellinnovationen zu entwickeln (Müller-Seitz et al. 2018). Dafür kommt dem Mittelstand eine besonders hohe Bedeutung zu, da dieser in vielen Ländern einen maßgeblichen Anteil zu wirtschaftlichem Wohlstand und der gesellschaftlichen Situation leistet. Da beispielsweise knapp zwei Drittel der Erwerbstätigen in Deutschland in mittelständischen Unternehmen angestellt sind, ist es auch aus einer gesellschaftlichen Perspektive heraus besonders wichtig, den Mittelstand zu stärken und dabei zu unterstützen, aus dem digitalen Wandel als Gewinner hervorzugehen und von neuen Trends zu profitieren (Statistisches Bundesamt 2015).

1.2 Zielsetzung dieses Buchs und weiteres Vorgehen

Vor diesem Hintergrund stellt sich die Frage, wie auch mittelständische Unternehmen, mit erfahrungsgemäß weniger Ressourcen, Vorteile aus der digitalen Transformation ziehen können und diese erfolgreich bewältigen können. **Zielsetzung dieses Buchs** ist es daher, die Erfahrungen des mittelständischen Unternehmens Insiders Technologies als ‚Hidden Champion' des deutschen Mittelstandes zu präsentieren und Anregungen für andere, vor allem mittelständische Unternehmen zu liefern, wie metaphorisch gesprochen die ‚Welle der digitalen Transformation' erfolgreich beritten werden kann (Heinlein und Weiss 2017).

Diese Zielsetzung ist insofern hervorzuheben, als das Themenfeld der Digitalisierung bisher fast ausschließlich informatikgetrieben bzw. ingenieurs- und naturwissenschaftlich beleuchtet wird. Erste Beiträge mit Managementorientierung existieren zwar bereits, jedoch liegt der Fokus hier stark auf isolierten Tools und Managementansätzen (vgl. exemplarisch Matzler et al. 2016). Die Praxisbeiträge setzen sich dabei zumeist ausschließlich mit Großkonzernen (Amazon, Facebook, Google/Alphabet, Yahoo etc.) auseinander. Rückschlüsse auf mittelständische Unternehmen sind daher meist nur eingeschränkt möglich.

Der besondere **Mehrwert** dieses Buches liegt zudem in der starken praktischen Relevanz bei gleichzeitig theoretischer Fundierung durch die Ko-Autorenschaft. Dabei wird auf eine langjährige, etablierte Kooperation zwischen den beiden Verfassern zurückgegriffen. Im Sinne eines **‚Action Research'** (vgl. hierzu einführend Eden und Huxham 1996) profitieren dabei beide Seiten voneinander, indem aktuelle Konzepte der Unternehmenspraxis durch Werner Weiss eingebracht werden, diese aber immer wieder im Dialog mit Gordon Müller-Seitz einer wissenschaftlichen Überprüfung unterzogen werden. So werden sowohl Theorien als auch Praxiskonzepte jeweils dialogisch auf ihre Passung hin kritisch hinterfragt und weiter ausgearbeitet. Diese Verzahnung von Theorie und Praxis im besten Leibniz'schen Sinne treibt auch weiterhin die Zusammenarbeit an und liefert wertvolle Impulse für die Managementpraxis sowie die Managementforschung. Die hieraus resultierenden Erkenntnisse werden nachstehend vor dem Hintergrund von Insiders Technologies präsentiert.

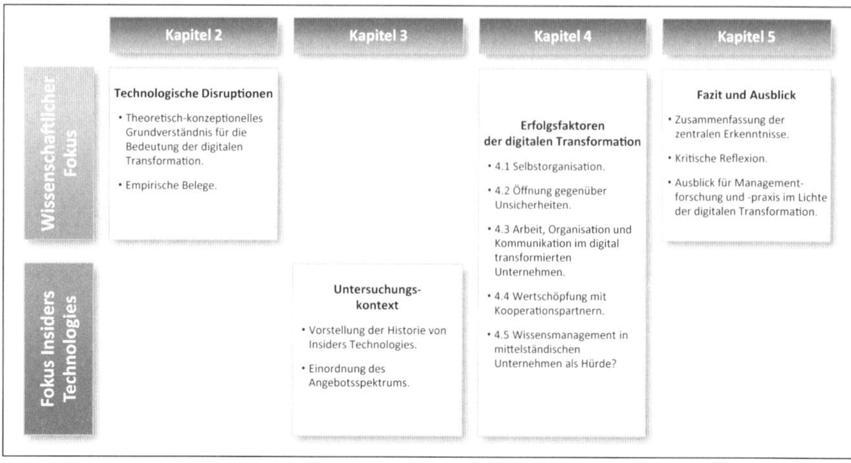

Darst. 1.1: Argumentationsstruktur.

Das **weitere Vorgehen** ist wie folgt (s. voranstehende Darstellung): Im **zweiten Kapitel** erfolgt eine Auseinandersetzung mit Konzepten des strategischen Innovations- und Technologiemanagements. Diese liefern Ansatzpunkte dafür, wie mit technologischen Veränderungen umgegangen werden kann. Dabei kommt es auch zur Auseinandersetzung mit Fallbeispielen U.S.-amerikanischer Großkonzerne und dem Aufzeigen der Grenzen der Übertragbarkeit auf mittelständische Unternehmen. Schließlich werden Ansätze zu offenen Innovations- und Strategieprozessen (Open Innovation und Open Strategy) als Grundlage für das Management der digitalen Transformation vorgestellt.

Im **dritten Kapitel** wird die Unternehmensentwicklung von Insiders Technologies von den Anfängen bis heute nachgezeichnet. Außerdem werden zentrale Merkmale des Unternehmens herausgearbeitet, etwa die Wissenschaftsorientierung aufgrund des engen Austauschs mit Forschungsinstitutionen.

Das **vierte Kapitel** bildet den Kern der Auseinandersetzung mit der digitalen Transformation und widmet sich der Frage, welche zentralen Konturen für das Management der digitalen Transformation bei Insiders Technologies als mittelständischem Hidden Champion verantwortlich sind. Den Abschluss bildet das **fünfte Kapitel** mit einem Fazit.

2 Technologische Disruptionen und digitale Transformation als Ausgangspunkt

Kompakt:

Nach der Lektüre dieses Kapitels sind Sie in der Lage, …

- … die Vorteile technologischer und organisatorischer Pfadabhängigkeiten den Nachteilen anhand von Praxisbeispielen gegenüberzustellen und diese kritisch zu reflektieren,
- … Ansatzpunkte für die Identifikation möglicher technologischer und organisatorischer Pfade für Ihre Organisation zu identifizieren,
- … technologische und organisatorische Pfadbrüche zu erkennen,
- … die Stärken und Grenzen von mittelständischen Unternehmen mit Blick auf die digitale Transformation zu erörtern sowie
- … das Konzept eines ‚offenen' Managementverständnisses zu erklären und auf ihren eigenen Praxiskontext zu übertragen, um so beispielsweise offene Innovations- und Strategieprozesse produktiv nutzen zu können.

2.1 Technologische und organisatorische Pfadabhängigkeiten durch die digitale Transformation: Gestern noch Weltunternehmen – heute bankrott

Was hat die Firma Kodak mit den Handysparten der Firmen Siemens und Nokia gemeinsam? In den genannten Fällen wurden etablierte technologische und organisatorische Pfade lange Zeit erfolgreich ‚beschritten', jedoch der Anschluss an die digitale Transformation verpasst.

Vereinfacht formuliert sollen Pfade im Folgenden als sich im Zeitablauf verfestigende Muster verstanden werden. Diese etablierten Muster, wie etwa der Erfolg der Firma Kodak im Bereich der analogen Fotografie, erschweren es Organisationen zunehmend, von diesen ‚Erfolgspfaden' abzuweichen. Wie noch gezeigt wird, sind die Gründe für das Beharren auf Erfolgspfaden durchaus verständlich. Allerdings soll auch auf die Gefahren dieser Pfade verwiesen werden und mögliche Ansätze im Umgang mit Pfadabhängigkeiten im Sinne eines Pfadmanagements thematisiert werden.

Vor diesem Hintergrund wird zunächst auf organisationsinterne Ressourcen (2.1.1) und dynamische Fähigkeiten als Ausgangspunkt von Pfadabhängigkeiten (2.1.2) näher eingegangen. Anschließend kommt es zur Erörterung des facettenreichen Phänomens der Pfadabhängigkeit (2.1.3). Dabei werden sowohl Chancen und Risiken als auch Ansatzpunkte für den Umgang mit diesem Phänomen thematisiert. Schließlich wollen wir noch denkbare interne Widerstände erörtern, die es bei Wandelprozessen wie der digitalen Transformation zu berücksichtigen gilt (2.1.4). Die Auseinandersetzung mit internen Widerständen bildet wiederum die Basis für die Beschäftigung mit Best-Practice-Beispielen vor allem U.S.-amerikanischer Unternehmen im Bereich der Digitalisierung sowie für die Frage, welche Besonderheiten es für mittelständische Unternehmen zu berücksichtigen gilt (2.2).

2.1.1 Organisationsinterne Ressourcen als Ausgangspunkt für das Verständnis vom Festhalten an alten Erfolgen

Um die Relevanz und das Wesen von Pfadabhängigkeit für die digitale Transformation besser zu verstehen, werden zunächst Managementmodelle und -konzepte vorgestellt, die zwar bereits in den 1990er Jahren entwickelt wurden, die aber weiterhin den aktuellen Bezugsrahmen für die Beschäftigung mit Pfadabhängigkeiten in Managementforschung und -praxis bilden. Hier sticht zunächst als Vorläufer der Betrachtung von dynamischen Fähigkeiten die Betrachtung von internen Ressourcen hervor (vgl. exemplarisch Barney 1991; zu Knyphausen-Aufseß 1993; für eine Übersicht s. Freiling 2001).

Zentrales Anliegen der Analyse von **internen Ressourcen** ist es, zu prüfen, inwieweit die organisationsinternen Ressourcen als Grundlage für nachhaltige Wettbewerbsvorteile dienen können.

Dieser Ansatz stellt eine **Abkehr vom ehemals dominierenden Gedankengut einer marktorientierten Sichtweise** dar, wie sie vor allem im Zuge des Neoliberalismus in den Vereinigten Staaten unter Ronald Reagan in den 1980er Jahren vorherrschte. Als prominentester Vertreter dieser organisationsexternen Perspektive lässt sich Michael Porter (1980; 1992) von der Harvard Business School ausmachen, der mit seiner Idee der fünf Wettbewerbskräfte (**‚Porter's Five Forces'**) für Aufmerksamkeit sorgte. In der Konsequenz richtete bzw. richtet sich teilweise bis heute im Bereich des strategischen Managements in Theorie und Praxis das Hauptaugenmerk auf Wettbewerbsstrategien.

Insbesondere mit Barney (1991) rücken sodann Überlegungen in den Mittelpunkt, inwiefern eine interne Ressource als Basis für einen nachhaltigen Wettbewerbsvorteil dient. Dies ist der Fall, wenn die Ressource als wertvoll, selten, nicht imitierbar und nicht substituierbar charakterisiert werden kann. Erst wenn alle vier Fragen mit ‚ja' beantwortet werden, kann daraus ein Wettbewerbsvorteil erzielt werden.

Barney (1991) unterscheidet zudem in **tangible und intangible Ressourcen**:

- **Tangible Ressourcen** begreift er als all jene ‚greifbaren' Ressourcen, die vor allem, aber nicht ausschließlich physischer Natur sind. In diesem Zusammenhang nennt er im Wesentlichen:
  - (finanzielles Kapital),
  - Liegenschaften,
  - Fabriken,
  - Ausrüstungen und
  - Maschinen.
- Als **intangible Ressourcen** konzipiert er demgegenüber jene Ressourcen, die sich nur schwer greifen lassen. Er listet folgende Aspekte auf:

- Organisationskultur,
- internes Wissen,
- Marken(wert) der Organisation und/oder der angebotenen Produkte und Dienstleistungen,
- Reputation der Organisation,
- Gebrauchsmuster,
- Patente und
- Gruppen-/Team-/Abteilungszusammensetzungen.

Der ressourcenorientierte Ansatz wird nicht zuletzt in eher angewandten und englischsprachigen Ausführungen als **VRIN-Ansatz** beschrieben. VRIN ist ein Akronym und setzt sich aus den folgenden vier Begriffen zusammen:

- **V**aluable (wertvoll),
- **R**are (selten),
- **I**nimitable (nicht imitierbar) sowie
- **N**on-substitutable (nicht substituierbar).

Der ressourcenorientierte Ansatz fordert, dass diese vier Kriterien erfüllt sein müssen, um einen nachhaltigen Wettbewerbsvorteil zu erlangen. In diesem Zusammenhang ist der Begriff ‚nachhaltig' anders als im aktuellen gesellschaftlichen Diskurs zu verstehen. Es geht dabei nicht um soziale, ökologische und ökonomische Ziele, sondern um zeitlich andauernde Wettbewerbsvorteile.

Die **VRIN-Kriterien im Detail** sind wie folgt definiert:

- **V**aluable: Eine **wertvolle** Ressource trägt für eine Organisation dazu bei, dass finanziell lohnenswerte Ergebnisse erzielt werden können. Dies kann beispielsweise durch eine Differenzierung des eigenen Produkts oder der eigenen Dienstleistung am Markt erfolgen. So profitiert die Kaffeehandelskette Starbucks beispielsweise von ihrem Image.
- **R**are: Eine Ressource wird dann als **selten** bezeichnet, wenn sie möglichst genau auf die Organisation zugeschnitten ist. Hierzu gilt es wiederum zwei notwendige Bedingungen zu erfüllen:
  - Die Ressource muss einerseits die Erwartungen oder Wünsche der Kundschaft erfüllen.
  - Andererseits muss die Ressource auch nachhaltig zur Verfolgung von Wettbewerbsvorteilen dienen können, um als selten eingestuft zu werden.

  Als Beispiel hierfür ließe sich anführen, dass McDonald's in attraktiven Innenstadtlagen zumeist die besten, für Handelsketten im Nahrungsmittel- bzw. genauer Fast-Food-Bereich attraktiven Objekte aufgekauft hat und damit einen räumlichen Positionierungsvorteil gegenüber Wettbewerbern besitzt.
- **I**nimitable: Um **nicht imitiert** werden zu können, ist es von Vorteil, wenn die Ressource an die grundlegenden Fähigkeiten und Wissensschätze sowie Erfahrungen der Organisation anknüpft. Die Zusammensetzung eines Software-Entwicklerteams kann beispielsweise zu Ergebnissen unter Rückgriff auf Erfahrungsschätze vergangener Projekte innerhalb der betreffenden Organisation führen, die für Außenstehende sichtbar, aber nicht imitierbar sind.

Der letztgenannte Aspekt (Nicht-Imitierbarkeit) lässt sich weiter ausdifferenzieren. Hier gibt es vier Kriterien, die es mit Blick auf die Nicht-Imitierbarkeit einer Ressource zu beleuchten gilt:

- Eine Ressource ist dann nicht oder nur schwer imitierbar, wenn sie über einen gewissen Grad an **Komplexität** verfügt. Dieser kann naturgemäß variieren. Allerdings lässt er sich an internen und externen Verbindungen festmachen. Etablierte Beziehungen und prozessuale Verbindungen zwischen Personen und Teams sind beispielsweise nur schwer zu imitieren. Ein Forschungs- und Entwicklungsteam im Bereich künstlicher Intelligenz kann möglicherweise nur deshalb so erfolgreich agieren, weil die Personen sowohl zwischenmenschlich als auch mit Blick auf deren Kompetenzprofile ideal aufeinander abgestimmt sind. Der Verlust eines Teammitglieds könnte nur schwer kompensiert werden. Umgekehrt kann eine konkurrierende Organisation die betreffende Teamkonstellation wohl nur sehr schwer imitieren. Selbst im Fall des Erwerbs des gesamten Forschungs- und Entwicklungsteams durch eine Wettbewerbsunternehmung wären möglicherweise die Rahmenbedingungen nicht imitierbar.
- Der zweite Aspekt ist die **kausale Ambiguität**. An die vorherigen Ausführungen zur Komplexität anknüpfend, sorgt kausale Ambiguität insofern für eine schwierige Imitierbarkeit, als es für andere Organisationen nicht immer leicht ist, die Verbindungen zwischen Personen oder Teams zu kopieren.

  Im Organisationsalltag wird dies beim professionellen Fußball oder auch bei anderen Teamsportarten anschaulich illustriert. Der Zukauf eines Topspielers einer anderen Mannschaft muss nicht zwangsweise in einem größeren Erfolg des eigenen Teams, das größte Spielerbudget nicht notwendigerweise in sportlichem Erfolg münden. Denn eine ehemals in einem anderen Team herausragend spielende Persönlichkeit kann aufgrund des neuen sozialen Umfelds, einer anderen Spielkultur, einem anderen Trainerverhältnis oder Teamgeist in seiner Leistung beeinträchtigt werden.

  Ähnliches gilt es für die Identifikation entsprechender Erfolgsfaktoren festzuhalten. Für andere Organisationen ist es oftmals nicht leicht ersichtlich, was den Erfolg einer Organisation tatsächlich ausmacht. Dies wird als Merkmalsambiguität bezeichnet.
- Als drittes Kriterium der Nicht-Imitierbarkeit von Ressourcen seien die **Werte und Normen innerhalb einer Organisation** genannt. Eine gemeinhin sichtbare und charismatische Führungskraft der digitalen Transformation wie Steve Jobs lässt sich als Person und mit Blick auf seine Aktivitäten sowie die daraus resultierenden ‚Kriegsgeschichten' und die die Organisation Apple prägenden organisationskulturellen Merkmale wie Werte und Normen kaum imitieren.
- **Organisationaler Wandel** lässt sich ebenfalls nur sehr schwer imitieren. In der Organisationspraxis lässt sich beobachten, dass Organisationen häufig sehr träge sind, insbesondere Großkonzerne. In diesen Organisationen einen Wandel herbeizuführen, ist sehr schwierig, ressourcenintensiv und langwierig. Vor diesem Hintergrund scheint die Annahme plausibel, dass es auch für

andere Organisationen nur schwer möglich ist, eine Organisation bzw. deren Wandel zu imitieren.
Grundsätzlich gilt dies auch für kleine und mittlere Unternehmen. Auf deren Besonderheiten soll jedoch zu einem späteren Zeitpunkt näher eingegangen werden.

- Non-substitutable: Die **Nicht-Substituierbarkeit** bildet schließlich das vierte Kriterium eines nachhaltigen Wettbewerbsvorteils. Um diesem Kriterium Rechnung zu tragen, ist es zentrale Voraussetzung, dass die relevanten Ressourcen nicht durch andere Ressourcen ausgetauscht werden können. Sofern beispielsweise eine Software problemlos für einen günstigeren Preis von einem konkurrierenden Anbieter bezogen werden kann, ist dieses Kriterium aus Sicht einer Software anbietenden Organisation nicht erfüllt.

Abschließend soll noch eine **kritische Reflexion des ressourcenorientierten Ansatzes** erfolgen.

- Die **Stärke** liegt sicherlich darin, die ehemals dominanten, marktorientierten Ansätze zweckvoll zu ergänzen. Überdies ist insbesondere die praktische Umsetzbarkeit von Reiz. Diese Verbindung aus theoretisch-konzeptionellem Denkanstoß und praktischer Anwendbarkeit hat sicherlich zur Popularität des Ansatzes beigetragen.
  Auch werden mittlerweile zunehmend Mitarbeiter als wertvolle Ressource begriffen – nicht zuletzt aufgrund der Auseinandersetzung mit dem ressourcenorientierten Ansatz.
- Als wesentliche **Limitationen** des ressourcenorientierten Ansatzes werden folgende Aspekte angeführt:
  - Kritisch ist zunächst festzuhalten, dass organisationsinterne Ressourcen überbewertet werden, stehen sie doch in den meisten Ausführungen isoliert im Fokus. Letztlich werden also die Schwächen des marktorientierten Ansatzes mit seiner ausschließlichen Konzentration auf das Wettbewerbsumfeld berechtigt aufgegriffen, jedoch die Argumentationslinie zu stark in die entgegengesetzte Richtung forciert.
  - Wie eingangs bereits angedeutet, ist ein weiteres Manko die statische Konzeption des ressourcenorientierten Ansatzes. Gerade die digitale Transformation und die damit einhergehenden immer kürzeren Produkt- und Dienstleistungsentwicklungszyklen – man denke etwa an die kontinuierlichen Verbesserungen in Form von Aktualisierungen (‚Updates') bei Apps – verdeutlichen die Grenzen des ressourcenorientierten Ansatzes.

Schließlich führt die primär organisationsinterne Betrachtung – nicht zuletzt aufgrund der Auseinandersetzung und Abgrenzung gegenüber dem marktorientierten Ansatz (Porter 1992) – dazu, dass die ‚Eingebettetheit' in die jeweilige Organisationsumwelt vernachlässigt wird. Für das strategische Management essenzielle Aspekte wie die Auseinandersetzung mit Zulieferketten oder Kooperationen mit Wettbewerbern fehlen daher. Angesichts zunehmend global verzweigter Wertschöpfungsketten sowie Koproduktion scheint der Ansatz daher in der vorgetragenen Form für ein ganzheitliches Strategieverständnis nicht tragfähig. Ehemalige Standardkriege, wie etwa zwischen Microsoft und Intel sowie IBM oder Microsofts

Softwareprodukten und Apples Konkurrenzangeboten sind in Zeiten der digitalen Transformation zumindest in Teilen pragmatischen und für alle Beteiligten gewinnbringenden Lösungen gewichen (z. B. in Form der Integration von Microsoft-Softwareangeboten in Apple-Produktanwendungen).

2.1.2 Dynamische Fähigkeiten von Unternehmen als Voraussetzung für Überlebensfähigkeit im Zeitalter der digitalen Transformation

An der **Kritik des ressourcenorientierten Ansatzes** ansetzend, versucht die Forschung zu **dynamischen Fähigkeiten (‚dynamic capabilities')** einer Organisation dem permanenten Streben nach Wettbewerbsvorteilen im Zeitablauf Rechnung zu tragen. Laut Teece et al. (1997) und unter Rekurs auf Leonard-Barton (1992) lassen sich dynamische Fähigkeiten wie folgt definieren: „We define dynamic capabilities as the firm's ability to integrate, build, and reconfigure internal and external competences to address rapidly changing environments. Dynamic capabilities thus reflect an organization's ability to achieve new and innovative forms of competitive advantage given path dependencies and market positions." (Teece et al. 1997, 516). Diese Definition der dynamischen Fähigkeiten versucht also dem fehlenden dynamischen Charakter des ressourcenorientierten Ansatzes Rechnung zu tragen.

Dynamische Fähigkeiten werden dabei grundsätzlich als Befähigung verstanden, im Wettbewerb trotz sich verändernder Rahmenbedingungen bestehen zu können. Dieser Ansatz weist zwar konzeptionelle Bezüge zum ressourcenorientierten Ansatz auf, entwickelt ihn jedoch insofern attraktiv für die Auseinandersetzung mit der digitalen Transformation weiter, als er die Leitidee der Ressourcenrelevanz aufrechterhält, sich aber auch von der Vorstellung verabschiedet, dass Wettbewerbsvorteile statisch verteidigt und langfristig aufrechterhalten werden müssen.

Zunächst soll in diesem Zusammenhang auf zwei **wesentliche Komponenten dynamischer Fähigkeiten** geachtet werden:

1. Vorab gilt es gewisse Schwellenkriterien zu berücksichtigen. Diese stellen die grundlegenden Markterwartungen dar. Alltagssprachlich handelt es sich hier also um die **‚Pflicht'**. Der Kundenaustausch im Zuge der Wartung über verschiedene Kommunikationskanäle hinweg könnte beispielsweise eine solche Pflichtanforderung darstellen.
2. Demgegenüber gibt es Differenzierungsmerkmale, die dem alltäglichen Sprachgebrauch nach die **‚Kür'** darstellen. Diese Fähigkeiten sind aus Sicht von Wettbewerbern nur schwierig zu imitieren. Die Fernwartung über das Internet oder das digital gestützte Auslesen und Aufbereiten von Informationen aus dem Internet könnte beispielsweise eine solche Kür mit Blick auf das eigene Produkt- und Dienstleistungsspektrum darstellen.

An dieser Stelle wird bereits von der Ausdrucksweise, aber auch vom Gedankengut her deutlich, dass Anleihen beim ressourcenorientierten Ansatz genommen werden. Dennoch wird stets eingeräumt, dass sich Organisationen und Organisationsumwelten ändern können (daher *dynamische* Fähigkeiten), weshalb hier aufgrund der dynamisch-prozessualen Perspektive ein Unterschied zum ressourcenorientierten Ansatz vorhanden ist.

Zur **Illustration der Grundidee dynamischer Fähigkeiten** sei auf die Firma **Alphabet (ehemals Google)** verwiesen. Deren zentrale Fähigkeit lässt sich u. a. in Form von Informationsverarbeitung bzw. -verbreitung beschreiben. Dabei ist es nachrangig, ob es sich bei der Informationsverbreitung um die Digitalisierung und Verarbeitung von Daten handelt, wie etwa im Fall der ehemals namensgebenden Suchmaschine Google, oder um die Digitalisierung des Automobilsektors durch die Sammlung von Informationen über Fahrer und Fahrverhalten, wodurch wiederum ein Markteintritt in diese Branche ermöglicht wird.

Der Ansatz der dynamischen Fähigkeiten hat eine breite Resonanz in Wissenschaft und Praxis erfahren. Dies lässt sich u. a. damit begründen, dass Vertreter dieser Perspektive sowohl auf bestehenden Theorien (wie dem ressourcenorientierten Ansatz) als auch auf existierenden Managementinstrumenten aufbauen und so etablierte Konzepte nutzen und weiterentwickeln. Illustrativ sei auf das **Benchmarking** verwiesen, welches ein gängiges Instrument zur Reflexion über die eigenen Fähigkeiten darstellt. Ursprünglich wurde das Benchmarking entwickelt, um von anderen Kontexten bzw. Unternehmen zu lernen. Die Kontexte können, müssen aber nicht notwendigerweise ähnlich sein.

Für einen vergleichbar gelagerten Kontext wäre aus Sicht einer Organisation, die Kreuzfahrten anbietet, etwa ein Benchmarking der Prozessabwicklung von Passagieren im Fall von Fluggesellschaften denkbar. Als eher ferner Kontext könnte eine Organisation aus der Automobilbranche etwa versuchen, einen an ethischen Grundsätzen orientierten Organisationskulturwandel anzustreben und sich dabei an kirchlichen Einrichtungen orientieren.

Mittlerweile wird das ehemals eher für ‚organisationsferne' Kontexte entworfene Benchmarking jedoch vor allem auch für verwandte Kontexte angewendet. Illustrativ sei auf sog. Best-in-class-Benchmarkings verwiesen, bei denen sich beispielsweise Unternehmen der Luftfahrtindustrie wechselseitig anhand vergleichbarer Kriterien messen.

Wenngleich der Benchmarking-Ansatz ungebrochen populär ist, so ist die Umsetzung und Verwertbarkeit dieses Instruments mit einer Reihe von **Schwierigkeiten** verbunden:

- Die **Definition stabiler Branchengrenzen** ist nur schwer zu erfüllen. Zu denken wäre hier erneut an das zu Beginn angeführte Beispiel der Automobilindustrie. Heutzutage scheint etwa die reine Auseinandersetzung mit anderen Automobilherstellern nur bedingt aussagekräftig. Neue Konkurrenten mit völlig anderen Produkten bzw. den Produkten zugrundeliegenden Geschäftsmodellen (z. B. Tesla) oder in verschärfter Form auch Akteure anderer Industrien (z. B. Alphabet oder Apple) illustrieren die Instabilität der Branchengrenzen.
- Zumeist sind nur **oberflächliche Vergleiche** möglich. Dies liegt vor allem an der fehlenden Einsicht in organisationsinterne Daten von Wettbewerbern. Dies betrifft in erster Linie wettbewerbskritisches Wissen. Auf den ressourcenorientierten Ansatz verweisend, ist es mit Blick auf beispielsweise kausale Ambiguität

nur schwer vorstellbar, dass das isolierte Herausgreifen einzelner Kriterien zu einer plausiblen Analyse- und Vergleichsgrundlage führt.

- Grundlegend ist überdies die **soziale Konstruktion** sämtlicher derartiger Bemühungen bzw. Indikatoren. Um ein vergleichsweise offensichtliches Beispiel zu wählen: Der Umsatz allein ist wenig aussagekräftig für die Finanzkraft eines Unternehmens bzw. die Reputation oder Marke einer Organisation lässt sich nur schwer finanziell festhalten. Exemplarisch sei auf die gemeinhin sichtbaren und prominenten U.S.-amerikanischen Beispiele der digitalen Transformation, wie etwa Netflix oder Airbnb, verwiesen. Diese Unternehmen gelten als Paradebeispiele der digitalen Transformation, sind jedoch nur schwer durch die Finanzmärkte zu bewerten – und bis heute (Stand 2018) auch noch kaum oder gar nicht profitabel, was den hier vorgestellten Aspekt unterstreicht.

Trotz der Weiterentwicklung des ressourcenorientierten Ansatzes und der damit einhergehenden, teilweisen Nivellierung diesbezüglicher Schwächen, gilt es auch im Fall dynamischer Fähigkeiten **Kritik** in Anschlag zu bringen. Folgende zwei Aspekte werden besonders moniert:

1. **Wie dynamisch können dynamische Fähigkeiten sein?** So Titel und provokante Frage von Schreyögg und Kliesch-Eberl (2007) eines Aufsatzes des Autorenteams im Strategic Management Journal. Kerngedanke ist die Beobachtung, dass dynamische Fähigkeiten zu einem gewissen Grade nur begrenzt dynamisch sein können, da sie sonst ihren (stabilen) Fähigkeitscharakter verlieren.
2. Ein wesentlicher weiterer, vor allem praxisgetriebener Kritikpunkt ist die allzu positive Konnotation dieses Ansatzes. So können Kernkompetenzen auch in **Kernrigiditäten** münden, sprich: Es kann aus einer fest verankerten, wenngleich dynamischen Fähigkeit ein Nachteil entstehen (Leonard-Barton 1992). Dies bildet einen der Ansatzpunkte, an denen die Diskussion zu Pfadabhängigkeiten ansetzt. Zu denken wäre hier auch wieder an das Beispiel der Firma Kodak.

2.1.3 Pfadabhängigkeiten – Hybris als Gefahr

Dass das Verharren an dynamischen Fähigkeiten möglicherweise in Rigiditäten münden kann, ist eine Beobachtung, die in der Praxis wenig überrascht und in der Managementforschung – insbesondere mit Blick auf das Management der digitalen Transformation – unter dem Titel der Pfadabhängigkeit bzw. generell anhand von Pfadkonzeptionen thematisiert wird.

Hierfür wird zunächst das bereits angekündigte Konzept der Pfade bzw. Pfadabhängigkeiten vorgestellt und anhand von Beispielen aus der Unternehmenspraxis erläutert. Zum Schluss werden Überlegungen für ein mögliches Pfadmanagement im Sinne eines Umgangs mit den Herausforderungen von Pfadabhängigkeiten sowie den Möglichkeiten von Pfadbrüchen aus Managementperspektive angestellt.

Die Analyse von Pfadabhängigkeiten kann auf unterschiedliche Kontexte angewandt werden. Für den vorliegenden Kontext sind vor allem organisationale und interorganisationale sowie technologische Pfade bzw. Pfadabhängigkeiten von Belang (Sydow et al. 2009; Sydow et al. 2012).

Als prominentes Beispiel organisatorischer Pfadabhängigkeit vor dem Hintergrund des eines fehlgeschlagenen Managements der digitalen Transformation soll die Firma **Kodak** näher betrachtet werden (Tripsas 2009; s. hierzu auch Heinlein und Weiss 2017). Hier wurde an der aus Unternehmenssicht ehemals sehr erfolgreichen, analogen Filmtechnologie festgehalten. Denn in dem Feld der analogen Fotografie galt das Unternehmen Kodak als wesentlicher Treiber von Innovationen. Als eines von sehr wenigen Unternehmen gelang es Kodak, den eigenen Unternehmensnamen in die Alltagssprache zu überführen (wie heute z. B. die Frage nach ‚einem Tesa' oder dem ‚Googeln' im Internet). So warb Kodak früher auf Werbetafeln und in Zeitungen mit dem Slogan bzw. Begriff des ‚Kodak moment'.

Der Erfolg verleitete Kodak jedoch dazu, selbstzufrieden und unkritisch zu werden. Kritische Stimmen, die den Erfolg digitaler Fotografie heraufbeschworen, wurden innerhalb der Firma durch die Vorstände wiederholt ignoriert; auch noch zu Zeiten, als die digitale Fotografie erste sichtbare Marktumwälzungen nach sich zog.

Mitarbeiter brüsteten sich gar ‚(Fotografie-)Dinosaurier' zu sein, und liefen auf Industrietagungen mit entsprechenden T-Shirt-Aufdrucken umher – fester Überzeugung, dass die analoge Fotografie ebenso wie ihr Unternehmen zukunftsfähig ist und bleibt.

Das Ergebnis ist bekannt: Der fehlende Wandel hin zu einem Anbieter digitaler Filmtechnologien führte zur Auflösung des ehemals Weltruhm genießenden Unternehmens Kodak.

Ein weiteres anschauliches Beispiel für die Relevanz des Managements der digitalen Transformation aus heutiger Sicht ist der Verlust der Wettbewerbsfähigkeit der **Mobilfunktelefonie-Sparte von Siemens**. Grundlegende Annahme des Top-Managements in den 1990er-Jahren war es, den Angaben eines durch den Autor interviewten ehemaligen Vorstandsmitglieds zufolge, dass Mobilfunktelefone primär der Telefonie dienen. Außerdem wurden Telefone, der deutschen Arbeitsethik sowie den kulturellen Landesgepflogenheiten folgend, ausschließlich als Arbeitsgerät interpretiert.

Erste Ansätze, Mobilfunktelefone nicht nur als reine Telefone zu betrachten, wurden ignoriert. So wurden beispielsweise bunte Displays und Spieloptionen, wie sie von der Firma Nokia rudimentär eingeführt wurden, als ‚Spielereien' verhöhnt und demgemäß auch nicht die dazugehörigen technologischen Entwicklungen beachtet.

Auch dieses Ergebnis ist mittlerweile bekannt und gut dokumentiert: Siemens musste die Mobilfunksparte aufgrund von Erfolglosigkeit aufgeben, da die digitale Transformation verpasst wurde.

2.1.3.1 Der Klassiker – technologische Pfadabhängigkeit am Beispiel des Tastaturlayouts

Als klassisches Beispiel für Pfadabhängigkeit sei ein sehr einprägsames **Beispiel für technologische Pfadabhängigkeit** aufgrund seiner Relevanz und seines einschlägig-illustrativen Charakters angeführt. Das sog. QWERTZ- oder (im englischsprachigen Raum) **QWERTY-Tastaturlayout** findet sich auf fast allen gängigen Laptops, PCs und mobilen Endgeräten des europäischen Sprachraums wieder (David 1985). Dies ist insofern bemerkenswert, als es über Jahrzehnte hinweg technologische Sprünge gegeben hat, die zu einer Optimierung des Tastaturlayouts hätten genutzt werden können. Denn das QWERTZ-Format ist letztlich auf die ehemals manuelle Schreibmaschinentastatur zurückzuführen. Praktische Überlegungen führten dabei zu dem bis heute gängigen Tastaturlayout, da es aus damaliger Sicht das wechselseitige Ineinandergreifen der Haken beim Schreiben minimierte.

Zur Veranschaulichung der technologischen Entwicklung und damit verbundener Optionen das **Tastaturlayout** zu ändern sei auf die folgenden **drei radikalen Technologiesprünge** verwiesen:

1. Im Anschluss an die manuelle Schreibmaschine wurde die **elektronische Schreibmaschine** entwickelt. Dieser Technologiesprung wäre eine erste Möglichkeit gewesen, das Tastaturlayout zu ändern.
2. Später erfolgte die Einführung von PCs und Laptops, bei denen die Dokumente zunächst **digital am Bildschirm** entstehen.
3. Schlussendlich sei die Einführung mobiler Endfunkgeräte bzw. die rein **virtuelle Tastaturbelegung** von Produkten wie dem iPhone von Apple genannt. In diesen Fällen ist die Tastatur nicht einmal mehr physisch vorhanden, sondern lediglich durch Berührung der Benutzeroberfläche zu bedienen.

Angesichts dieser Diagnostik stellt sich die Frage, wieso dieses Tastaturlayout diese Technologiesprünge überdauern konnte. In einer immer mehr an Effizienzkriterien ausgerichteten Unternehmenswelt, in der Zeit zu einem immer knapperen Gut wird (Rosa 2005), erscheint es geradezu irrwitzig, an einem inferioren Tastaturlayout festzuhalten, welches uns individuell, aber vor allem auch Unternehmen alltäglich Effizienzeinbußen in Form zeitlicher Opportunitätskosten beschert. Denn alternative Tastaturlayouts ermöglichen mit geringem Umlernaufwand weitaus schnellere Fingerbewegungen und führen so zu deutlichen Zeitersparnissen.

Dieses Beispiel und die damit eng verbundene Erkenntnis, dass oftmals ineffiziente Phänomene in unserer Alltags- und Geschäftswelt verharren, ist der Ansatzpunkt von Analysen zu Pfaden bzw. genauer zur Pfadabhängigkeit.

Angesichts dieser einführenden Überlegungen soll ein organisatorischer oder technologischer **Pfad** wie folgt **definiert** werden (hier und im Folgenden s. Sydow et al. 2009): Pfade lassen sich auf sich selbst verstärkende Prozesse zurückführen, die durch häufig auch ‚nur' kleinere Ereignisse in Gang gesetzt werden und das Potenzial haben, in einer Verstetigung (sog. Lock-in) zu münden.

Ausschlaggebend ist in diesem Zusammenhang, dass gegenwärtige und künftige Entscheidungen an Entscheidungen bzw. Ereignisse der Vergangenheit gebunden sind oder durch diese beeinflusst werden – und dies nicht selten unbewusst. Dieser letztgenannte Aspekt, die teilweise ‚hinter dem Rücken' der Akteure entstehende Verstetigung, ist eine der zentralen Herausforderungen für Theorie und Praxis. Denn in der jeweils gegenwärtigen Situation sind Pfade kaum bzw. nur sehr schwer zu erkennen. Vielfach wird dies dadurch erschwert, dass Pfade diverse Vorteile mit sich bringen.

Anspielend auf das Konzept des ressourcenorientierten Ansatzes oder die Idee der dynamischen Fähigkeiten ist es vielfach Maßgabe, Etabliertes auszubeuten; zu

Illustrationszwecken sei an dieser Stelle auf die Metapher der Cash Cows in der Matrix der Boston Consulting Group verwiesen. Ergo werden Nachteile erst spät oder gar nicht erkannt. Je mehr sich der Pfad sodann verfestigt, desto schwieriger wird es, einen Pfadbruch herbeizuführen.

2.1.3.2 Wie konnte es nur so weit kommen? Quellen von Pfadabhängigkeit

Eine wichtige Frage im Umgang mit Pfadabhängigkeit ist die nach den Ursachen, also den **Quellen von Pfadabhängigkeit** (Sydow et al. 2009; Sydow et al. 2012). Hier lassen sich vier unterschiedliche Quellen nennen:

- **Kognitive Quellen der Pfadabhängigkeit**: Ein Verharren auf etablierten Ressourcen oder Strukturen ist eine gängige Quelle von Pfadabhängigkeit. Die vermeintlich ‚rationale' Überzeugung der Firmenvertreter von Kodak, weiterhin in analoge Filmtechnologie zu investieren, ist ein Beispiel für kognitive Pfadabhängigkeit und zeigt, wie schwierig es sein kann, sich etablierten Denkmustern zu widersetzen.
- **Emotionale Quellen der Pfadabhängigkeit**: Die emotionale Gebundenheit an eine Organisationskultur (z.B. der Stolz auf das Produkt ‚Automobil' bei Porsche) kann eine weitere Quelle organisationaler oder technologischer Pfadabhängigkeit sein. Diesbezüglich sei erneut auf die Firma Kodak verwiesen: Das Tragen von T-Shirts mit Dinosaurieraufdruck ist auch ein Indiz für die emotionale Verbundenheit gegenüber Etabliertem.
- **Normative Quellen der Pfadabhängigkeit**: Investitionen in Technologiepfade, die wünschenswert erscheinen, etwa politisch-ideologisch beeinflusst sind, können eine weitere Quelle von Pfadabhängigkeit sein. Zu denken wäre hier beispielsweise an einige ‚grüne' Technologien, die vor dem Hintergrund der Nachhaltigkeitsdebatte politisch gewünscht, aber letztlich nicht rentabel sind.
- **Ressourcenorientierte Quellen der Pfadabhängigkeit**: Ein erstaunliches Beispiel für eine ressourcenorientierte Quelle von Pfadabhängigkeit stellt eskalierendes Commitment dar. Eskalierendes Commitment kann dabei im Wesentlichen auf drei Aspekte zurückgeführt werden:
  - politisches Commitment,
  - Reputation sowie
  - finanzielle Investitionen.

  Folgendes **Beispiel** soll den Sachverhalt illustrieren: Bei dem Bau von Großprojekten kann ressourcenorientierte Pfadabhängigkeit anschaulich dargelegt werden. So vereint der seit Jahren andauernde Umbau des Berliner Flughafens in Schönefeld zum Flughafen Berlin-Brandenburg International oder Willy-Brandt-Flughafen die drei zuvor angeführten Aspekte:
  - Politisches Commitment für eine Investition in den Flughafen führte dazu, dass die politischen Vertreter im Berliner Senat nicht von ihrem Kurs abweichen wollten.
  - Dies hängt wiederum eng mit der Reputation der einzelnen Mandatsträger zusammen, die sich keine Blöße geben wollten und wollen, wie etwa im Fall des ehemaligen Berliner Oberbürgermeisters Klaus Wowereit.

- Getätigte finanzielle Investitionen boten zudem stets das Argument, dass im Vergleich zum stetig ansteigenden bis dato investierten Finanz- und sonstigem Ressourcenvolumen nur noch wenige weitere Investitionen notwendig seien, um den Flughafenbau zu vollenden.

2.1.3.3 Herausforderungen eines Pfadmanagements

Was sind nun in Anlehnung an Sydow et al. (2009) mögliche **Herausforderungen** und Ansatzpunkte für ein Pfadmanagement?

Wie bereits erörtert wurde, ist es schwierig Pfade zu prognostizieren. Dies macht es so mühevoll, sich ein Pfadmanagement vorzustellen. Dennoch sollen Optionen erörtert werden, wie dies möglicherweise zumindest in Ansätzen aus Sicht des Managements gelingen kann. So ist in einem ersten Schritt der Versuch geboten, **Pfade zu identifizieren**. Dabei ist es zunächst unerheblich, ob technologische oder organisatorische Pfade im Vordergrund stehen.

Denkbare Fragen bzw. zu reflektierende Themenstellungen, die sich das Management eines Unternehmens fast jedweder Branche mit Blick auf beispielsweise einen analogen technologischen Pfad angesichts digital aufkommender, alternativer Technologieoptionen stellen könnte, wären dabei wie folgt:

- Welche Alternativen zu aktuellen technologischen Pfaden lassen sich organisationsintern sowie organisationsextern festhalten?
- Welche Vorteile bieten uns die existierenden analogen Technologiepfade?
- Welche Nachteile resultieren aus den existierenden Technologiepfaden?
- Welche Vorteile bieten alternative, digital gestützte Pfadoptionen für unser Unternehmen?
- Welche Nachteile bieten alternative digitaltechnologische Pfadoptionen?

Die vorgestellten Optionen, technologische Pfade zu managen, setzen jedoch eine gewisse Sensibilität voraus. Diese Sensibilität ist allerdings nicht immer in Organisationen bzw. bei ihren Mitgliedern vorzufinden, was ein solches Pfadmanagement maßgeblich erschwert.

In einem zweiten Schritt wäre es zweckvoll, **Pfade zu evaluieren**. Mit Blick auf die vorgestellten Kriterien von Sydow et al. (2012) könnte der Versuch unternommen werden, unterschiedliche technologische oder organisatorische Pfadoptionen qualitativ und/oder quantitativ zu bewerten. Mögliche künftige Zustände bzw. Szenarien über potenzielle technologische Pfadverläufe könnten dabei als Grundlage für Beurteilungen dienen und gegeneinander systematisch abgewogen werden.

Schließlich könnte in einem dritten Schritt über **Pfadbrüche oder Pfadbeendigungen** nachgedacht werden, verstanden als das bewusste Abweichen oder Beendigen eines existierenden technologischen oder organisatorischen Pfads. In diesem Fall wäre es zielführend, Anreizsysteme zu entwerfen, um pfadkonformes oder -nonkonformes Verhalten der Organisationsmitglieder zu erzielen.

Ein in Deutschland häufig angeführtes Beispiel, das Aspekte der Pfadabhängigkeit und gleichsam der Pfadkreation bzw. des Pfadbruchs vereint, ist der Aufstieg, Fall und in Teilen erneute Aufstieg des **Ruhrgebiets** (für Details hierzu s. Grabher 1993). Nicht zuletzt im Anschluss an den zweiten Weltkrieg erlebte das Ruhrgebiet einen massiven wirtschaftlichen Aufschwung aufgrund der dort vorhandenen natürlichen Ressourcen. Ein großer Teil der Nachfrage nach den Rohstoffen konnte nicht befriedigt werden, weshalb Gastarbeiter nach Deutschland strömten, um den Arbeitskräftebedarf der dort ansässigen Unternehmen zu decken. Politik und Wirtschaft arbeiteten eng zusammen und es entwickelte sich eine Art politischer ‚Filz'. Die florierende Wirtschaftskraft führte zu einer Pfadabhängigkeit hinsichtlich der Montanindustrie und wurde weitestgehend durch die Bürger goutiert, die von der Wirtschaftskraft durch steigenden Durchschnittswohlstand profitierten.

All dies änderte sich nicht schlagartig, sondern schleichend angesichts weltweit fallender Rohstoffpreise und einer Standardisierung bzw. Homogenisierung der Rohstoffangebote. So mangelte es den Unternehmen des Ruhrgebiets zunehmend an Differenzierungskriterien gegenüber den Wettbewerbern aus Fernost. Dies wiederum spiegelte sich alsbald in einer zurückgehenden Auftragslage wider. Fatalerweise wurden erste Anzeichen, etwa die geringere Auftragslage oder langsam ansteigende Arbeitslosigkeit, von Politik und Wirtschaft ignoriert. Überdies wurden diskursive Gegenstrategien in Anschlag gebracht und es wurde beispielsweise argumentiert, dass die rückläufige Wirtschaftslage lediglich temporärer Natur sei. Diese Aspekte illustrieren die unterschiedlichen Formen eskalierenden Commitments.

Erst die später einsetzende hohe Massenarbeitslosigkeit und die Liquidation von Unternehmen, auch Großkonzernen, führten langsam zu einem Umdenken. Im Sinne eines Pfadbruchs bzw. einer Pfadkreation versuchten vor allem die Landespolitiker, neue Industrie- und Dienstleistungsbranchen zu erschließen, um dem von wirtschaftlicher Rezession geprägten Ruhrgebiet zu neuer Prosperität zu verhelfen. In der Folge kam es zur Gründung von Universitäten und Forschungseinrichtungen, um beispielsweise auf dem Gebiet der Bildung neue Arbeitsplätze zu schaffen. Ähnlich wurde und wird der Versuch unternommen, unterschiedliche Dienstleistungsbranchen aufzubauen. Wenngleich das Ruhrgebiet sicherlich noch wirtschaftlich unter den Folgen der skizzierten Pfadabhängigkeit zu leiden hat, so sind dennoch positive Entwicklungen sichtbar, die sich als Pfadkreation bzw. -bruch auslegen lassen. Inwieweit sich diese (Standort-)Strategien jedoch als erfolgreich erweisen, bleibt abzuwarten.

Vor dem Hintergrund der vorangegangenen Ausführungen sollen an dieser Stelle lediglich rudimentäre Anregungen bzw. Phänomene angeführt werden, wie möglicherweise ein **Pfadmanagement** ausgestaltet werden kann:

- Eine **offene Organisations- und vor allem Kommunikationskultur** ist ein wesentlicher Ansatzpunkt, den negativen Effekten eines Pfades entgegenzuwirken. Dies ist mit Blick auf die digitale Transformation von essenzieller Bedeutung und trifft auf die meisten Unternehmen zu. Illustrativ sei auf das Beispiel der Bosch GmbH verwiesen (The Economist 2017). Die Firma verfügt über ein breites Produkt- und Dienstleistungsportfolio. Die etablierten ‚analogen' Technologien des 130-jährigen Traditionsunternehmens sind für das Gros des Umsatzes bzw. des Gewinns verantwortlich.
  Parallel zu den traditionellen Geschäftssparten investiert Bosch jedoch in großem Umfang in die Digitalisierung. Hierzu gehören konkret Investitionen in die Entwicklung von Software sowie das Management und die Bereitstellung von

Internet-Plattformen. Auf diesem Wege soll das Unternehmen zu einer ‚Internet-of-Things-Firma‘ werden. Mit Blick auf die digital-gestützten Produkte und Dienstleistungen ist jedoch bis dato zu konstatieren, dass sie entweder noch nicht rentabel (genug) sind oder nur einen vergleichsweise geringen Anteil am Gesamtumsatz bzw. -gewinn von Bosch ausmachen.

Diese ‚Zweigleisigkeit‘, nämlich das Ausbeuten existierender technologischer Pfade mit Blick auf das etablierte Produktspektrum und das gleichzeitige Erschließen neuer technologischer Pfade hinsichtlich des Internet of Things, erzeugen organisationsintern Spannungen (vgl. hierzu die Ausführungen zur Ambidextrie bei O,Reilly und Tushman 2008 sowie für einen Überblick Raisch und Birkinshaw 2008). Vereinfacht formuliert wirft das ‚etablierte Technologielager‘ den Abteilungen und Teams der digital-gestützten Produkte und Dienstleistungen vor, die in etablierten Technologiesparten erwirtschafteten Umsätze und Gewinne zunichte zu machen. Umgekehrt wird leicht der Vorwurf laut, dass die etablierten Technologiefelder im globalen Wettbewerb nur noch eingeschränkt wettbewerbsfähig sind, perspektivisch also obsolet sein werden und nahezu ausschließlich digitale Produkt- und Dienstleistungsangebote zukunftsfähig sind. Angesichts dieser Beobachtungen ist eine offene Organisations- und Kommunikationskultur essenziell, um nicht an den widersprüchlichen Eigenlogiken (vgl. hierzu auch Ringlstetter und Klein 2010) der beiden ‚Lager‘ zugrunde zu gehen.

- Eng mit der offenen Organisations- und Kommunikationskultur verbunden ist die Annahme, dass es **Widersprüche bzw. widersprüchliche Ansichten** zu tolerieren gilt. Beispielsweise können vermeintlich ‚notorische Nörgler‘ wertvolle Anregungen liefern, die sich zu einem späteren Zeitpunkt als wertvolle Vorboten eines Organisationswandels herausstellen.
- **‚Reflexionsschleifen‘** hinsichtlich existierender Routinen und Aktionsmuster als Ansatzpunkte für die Identifikation von Pfaden und damit möglicher negativer Wirkeffekte von Pfadabhängigkeit stellen einen weiteren Anhaltspunkt dar. Zu denken ist hierbei etwa an formelle oder informelle Austauschforen, in denen über Konfliktbewältigungsstrategien und -muster diskutiert wird. Zeichnet sich beispielsweise ab, dass Mitglieder teilweise dem Gruppendruck bei Entscheidungsfindungen systematisch nachgeben, wäre dies ein bedenkenswerter Ansatzpunkt, um ‚Group Think‘ (Janis 1982) vorzubeugen.

Auch eher klassische Managementinstrumente, wie die Entwicklung von Szenarien oder der Entwurf von sog. Wild Cards, wäre denkbar. Im Fall von ‚Wild Cards‘ werden zukünftige und zumeist extrem ausgeprägte Zustände skizziert, für die sodann Reaktionsmuster und Gegenstrategien entwickelt werden sollen. Unternehmen wie Daimler nutzen diese Technik systematisch, um mit dem Unerwarteten umzugehen.

Teilweise werden auch bewusst vermeintlich unrealistische Szenarien gewählt, um den Umgang mit dem Unvorhersehbaren zu prüfen. Zu denken wäre hier etwa an Extremszenarien, wie beispielsweise der Versuch der Machtübernahme der (Welt-)Herrschaft durch Roboter als digitale Dystopie. Vermutlich scheint bereits das Nachdenken über ein derartiges Szenario auf den ersten Blick für Sie als Leserin und Leser skurril oder unrealistisch zu sein. Dem ist jedoch entgegenzuhalten, dass Organisationen wie das U.S.-amerikanische Militär oder öffentliche Einrichtungen im Gesundheitswesen (z. B. das CDC – Center for Disease Control in den Vereinigten Staaten) in Szenarien die Invasion von Aliens oder Zombies simulieren, um so den Umgang mit dem Unerwarteten zu proben (Buchanan und Hällgren 2017).

Abschließend lässt sich konstatieren, dass die **Auseinandersetzung mit Pfaden und deren potenziellem Management** einen **wertvollen Beitrag zur strategischen Entwicklung von Organisationen** liefert. **Kritisch** bleibt jedoch Folgendes festzuhalten:

- Die Interpretation, was einen Pfad erfolgreich oder misslich erscheinen lässt, ist hochgradig subjektiv (Berger und Luckmann 2004). Eng damit verbunden ist die Beobachtung, dass Pfade stets hochgradig idiosynkratisch verlaufen und damit Gegenstand unterschiedlicher, vermutlich in der Regel auch miteinander konkurrierender Interpretationen sind.

  Die Frage, inwiefern beispielsweise die onlinebasierte Enzyklopädie Wikipedia tatsächlich eine freie Enzyklopädie darstellt, in der alle Interessierten Beiträge liefern und diskutieren können, lässt sich durchaus unterschiedlich beantworten (Kozica et al. 2015). Während ein Teil der Beitragenden dies bejaht, sehen andere durchaus auch diktatorische Maßnahmen und einen ‚bürokratischen Alptraum' in der Art und Weise, wie Wikipedia operiert.
- Darüber hinaus wird theoretisch-konzeptionellen Pfadansätzen stets entgegengehalten, dass diese nur Grundlage für Beschreibungen von Istzuständen lieferten und dass zumeist keinerlei Prognosen auf Basis dieser Ansätze möglich seien.

  Allerdings lässt sich festhalten, dass hier bereits Ansätze für Weiterentwicklungen existieren, die die angeführten Kritikpunkte konstruktiv aufnehmen und dahingehend Verbesserungsvorschläge liefern.

2.1.4 Widerstände innerhalb des Unternehmens

Wie angedeutet, können **Pfadabhängigkeiten** leicht durch den Verweis auf vergangene Erfolge entstehen und so zu Barrieren des Wandels werden; ein aus Sicht der Autoren vielfach in der Praxis vorzufindendes Phänomen mit Blick auf die fehlende Sensibilität für die digitale Transformation. Es existieren aber neben diesen Pfadabhängigkeiten noch weitere Verhaltens- und Wahrnehmungsmuster, die Transformationsprozessen entgegenstehen. Diese möglichen Widerstände werden im Folgenden näher betrachtet.

Die vielfach vorzufindenden **kognitiven Ursachen für Widerstände gegen Transformationsprozesse werden auch durch emotionale Aspekte ergänzt**. So kann beispielsweise emotional positiv besetzte Mitarbeiterbindung essenziell und vielfach wünschenswert aus Sicht des Unternehmens erscheinen. Allerdings sind auch negative Wirkeffekte denkbar. Plakativ formuliert sei auf die Reaktanzen bei der Firma Kodak (Tripsas 2009) mit Blick auf die ausgelassene digitale Transformation verwiesen. Ähnliches gilt es auch für die Firma Bosch zu konstatieren (The Economist 2017), wenngleich die digitale Transformation bei Bosch naturgemäß noch einen offenen Vorgang mit ungewissem Ergebnis darstellt.

Nachstehende Darstellung von Tidd und Bessant (2013, 344) gibt einen Überblick über gängige Argumente bzw. prägnante Verweise, die illustrativ vor allem kognitive und teilweise auch emotionale Widerstände in Unternehmen darstellen. Diese sind allgemeiner Natur, also zunächst unabhängig vom Themenfeld der digitalen Transformation, aber natürlich auch auf dieses anwendbar.

Argument	**Underlying perceptions from within the established mental model**
'It's not our business'	Recognition of an interesting new business idea but rejection because it lies far from the core competence of the firm
'It's not a business'	Evaluation suggests the business plan is flawed along some key dimension – often underestimating potential for market development and growth
'It's not big enough for us'	Emergent market size is too small to meet growth targets of large established firm
'Not invented here'	Recognition of interesting idea with potential but rejection – often by finding flaws or mismatch to current internal trajectories
'Invented here'	Recognition of interesting idea but rejection because internally generated version is perceived to be superior
'We're not cannibals'	Recognition of potential for impact on current markets and reluctance to adopt potential competing idea
'Nice idea but doesn't fit'	Recognition of interesting idea generated from within but whose application lies outside current business areas – often leads to inventions being shelved or put in a cupboard
'It ain't broke so why fix it'	No perceived relative advantage in adopting new idea
'Great minds think alike'	'Groupthink' at strategic decision making level – new idea lies outside the collective frame of reference
'(Existing) Customers won't/don't want it'	New idea offers little to interest or attract current customers – essentially a different value proposition
'We've never done it before'	Perception that risks involved are too high along market and technical dimensions

Darst. 2.1: Indizien für kognitive und emotionale Widerstände gegen Transformationsprozesse.
Quelle: Übernommen von Tidd und Bessant (2013), 344.

Eine der dargestellten symptomatischen Redewendungen sei hier besonders betont, weil dadurch viele Innovationsvorhaben scheitern. Gemeint ist das sog. **Not-invented-here-Syndrom** (Katz und Allen 1982). Das Not-invented-here-Syndrom bezeichnet eine mitarbeiterseitige Abneigung gegenüber Innovationen, die nicht durch das eigene Unternehmen hervorgebracht wurden. Dieses Phänomen betrifft nicht nur erfolglose Unternehmen, sondern lässt sich ebenfalls bei hoch profitablen Firmen beobachten und schmälert insgesamt deren Innovationsfähigkeit.

Hierdurch wird ein **Spannungsfeld zwischen Ablehnung und Offenheit gegenüber Kritik** deutlich. Einerseits sollten Organisationen gegenüber neuen Entwicklungen, wie etwa dem Themenkomplex der digitalen Transformation, aufgeschlossen sein. Andererseits gilt es jedoch im gleichem Atemzuge auch neueren Entwicklungen – so wünschenswert sie im Einzelfall auch sein mögen und dies inkludiert auch die digitale Transformation generell – konstruktiv-kritisch zu begegnen und nicht jede neue technologische Entwicklung unreflektiert zu übernehmen bzw. gutzuheißen.

Im Anschluss an die Sensibilisierung für Fragestellungen der Pfadabhängigkeit bzw. des Pfadmanagements und möglichen Widerständen innerhalb der Unternehmung, die Indizien für Pfadabhängigkeiten darstellen können, sollen nunmehr Paradebeispiele (Best-Practice-Fälle) von vor allem U.S.-amerikanischen Unternehmen näher beleuchtet werden. Die Best-Practice-Fälle sind dabei vor allem dadurch informativ, dass sie Anregungen liefern, wie Pfadbrüche erzeugt werden können und wie vor allem neue, digitale Geschäftsmodelle entworfen werden können.

2.2 Lernen von den Best-Practice-Fällen großer U.S.-amerikanischer Firmen – und was ist mit dem Mittelstand?

Die angeführten Herausforderungen von Pfadabhängigkeiten sind für alle Unternehmen relevant. Auch Insiders Technologies ist sich der skizzierten Gefahren durch die digitale Transformation bewusst und will daher nicht in Fallen tappen. Hierfür gilt es sich ständig selbst neu zu erfinden; sowohl durch ein stets weiter zu entwickelndes Produktportfolio als auch durch das Streben als mittlerweile etablierter und im Zeitablauf kontinuierlich gewachsener Mittelständler den Gründergeist nicht zu verlieren.

Als Anregungen, wie Innovationen bzw. Geschäftsmodellinnovationen hervorgebracht werden können, sollen nunmehr U.S.-amerikanische Unternehmen, vorwiegend Großkonzerne aus dem Silicon Valley, näher betrachtet werden (2.2.1). Schnell wird jedoch deutlich werden, dass die Übertragbarkeit der Ideen begrenzt ist, verfügen mittelständische Unternehmen doch über spezifische Besonderheiten und damit über Stärken (2.2.2) und Schwächen (2.2.3), die sie von Großkonzernen unterscheiden. Die Auseinandersetzung mit diesen Besonderheiten von mittelständischen Unternehmen bildet den Auftakt für die darauffolgende Darlegung eines offenen Managementverständnisses (2.3).

2.2.1 Amazon, Google, Uber, Airbnb & Co.: Was wir von ihnen lernen können – und was nicht

U.S.-amerikanische Unternehmen wie die in der Überschrift angeführten Beispiele sorgen immer wieder für überraschende Schlagzeilen und Innovationen. Die Unternehmen wären ohne die Digitalisierung bzw. das Internet als Infrastruktur nicht denkbar. Im Folgenden werden gezielt einzelne Facetten der digitalen Transformation bei den genannten Unternehmen herausgegriffen und präsentiert. Hierdurch sollen einerseits Anregungen für radikale Innovationen im Zeitalter der digitalen Transformation geliefert werden. Andererseits soll gleichzeitig auch implizit ein Grundverständnis für Großkonzerne gelegt werden, um sodann die Besonderheiten von mittelständischen Unternehmen in Form von Stärken und Schwächen besser einordnen zu können.

Wenngleich **Amazon** vor allem aufgrund seiner Handelsplattform für Bücher bekannt wurde, so übersteigt das Angebotsspektrum heutzutage deutlich dasjenige vom Beginn des Unternehmens. Einerseits wurde das digitale Angebotsspektrum der Handelsplattform erweitert; es umfasst mithin eine äußerst breite Produktpalette (z. B. Streaming-Dienste wie etwa Amazon Prime oder Cloud-basierte Dienstleistungen und Produkte) und richtet sich auch an Geschäftskunden (z. B. Amazon Web Services). Andererseits ist das Angebot an nicht ausschließlich digitalisierten Dienstleistungen über die Jahre ebenfalls gewachsen. So hat Amazon mittlerweile auch eine eigene Logistiksparte (Amazon Air).

Nebst der Konzentration auf Kernkompetenzen, wie etwa die Fähigkeit, klassische Logistikprozesse und Logistikketten zu gestalten und zu verändern, ist auch die ‚day one'-Philosophie hervorzuheben (Stone 2014). Hierunter ist der von Unternehmensgründer Bezos formulierte Leitgedanke zu verstehen, dass im Idealfall bei allen Aktivitäten der Kunde im Mittelpunkt steht und ein ‚Unternehmertumsgeist wie am ersten Tag' vorherrscht. Das radikale (Vor-)Leben dieser Philosophie – und damit verbunden der Innovationskultur – durch den Unternehmensgründer ist sicherlich ein zentraler Erfolgsfaktor von Amazon.

Als Einstieg für **Google (heute: Alphabet)** soll zunächst darauf verwiesen werden, dass viele Strategiefindungsprozesse und damit einhergehende Innovationen auf Zufall basieren. So wird Eric Schmidt vielfach wie folgt zitiert:

„Google was founded to get information to everybody. A by-product of that strategy is that we invented an advertising business which has provided great economics that allows us to build the servers, hire the employees, create value." (Schmidt in Rusbridger 2013).

Dieses Zitat von dem bis August 2015 als Vorstandsvorsitzender von Google (neuerdings: Alphabet) tätigen Eric Schmidt verdeutlicht den **emergenten**, also zufälligen **Charakter von Strategieentwicklungsprozessen bzw. bei der Verfolgung von Strategien und dem Hervorbringen von auf Google bezogenen Innovationen**. So war es ursprünglich die Idee und damit auch Strategie, Google auf die Informationsverteilung für jedermann in Form der gemeinhin bekannten Suchmaschine auszurichten. Es hat sich jedoch gezeigt, dass das zugrundeliegende Geschäftsmodell sich zunehmend ausbreitete und es nicht mehr nur darum ging, in Konkurrenz zu Yahoo und anderen Anbietern eine möglichst optimale Suchmaschine zu entwickeln.

Google bzw. Alphabet ist zudem aus einem anderen Grund interessant, für den es hier zu sensibilisieren gilt. Das Gros der Ansätze zum strategischen Management von Wandlungsprozessen, wie es etwa hinsichtlich des Managements der digitalen

Transformation von Belang wäre, geht von relativ stabilen Branchen und vor allem Branchengrenzen aus. Auf dieser Vorstellung beruhen viele bekannte und verbreitete Managementkonzepte wie Porters fünf Wettbewerbskräfte (1980; 1992).

Führt man sich jedoch die unterschiedlichen Betätigungsfelder von Google bzw. Alphabet vor Augen, so wird schnell klar, dass Branchengrenzen zunehmend verschwimmen. Als ein Beispiel sei die Akquisition von YouTube genannt. In diesem Fall bietet Google/Alphabet nicht mehr nur eine Suchmaschinenfunktion an, sondern stellt auch als Intermediär Videos im Internet bereit und hat so die Möglichkeit, diverse Geschäftsfelder miteinander zu verbinden und Synergien für die eigene Kundschaft sowie für sich selbst als Organisation zu erzielen.

Nun ließe sich einwenden, dass es sich dabei ja weiterhin um ein den Suchmaschinen verwandtes, IT-basiertes Geschäftsmodell handelt. Ruft man sich jedoch die weiteren Aktivitäten des Unternehmens, wie etwa das Google-Auto, ins Gedächtnis, so wird schnell klar, dass es sich nicht mehr ausschließlich um IT-basierte Dienstleistungen handelt, sondern zunehmend auch um eine die Branchengrenzen verwischende Ambition, neue Märkte und Produkte – nicht nur Dienstleistungen – zu erobern.

Ein weiteres illustratives Beispiel für die digitale Transformation mit Blick auf eine digital-gestützte Geschäftsmodellinnovation stellt **Uber** dar. Mit seinem Geschäftsmodell macht sich der Fahrdienstvermittler Uber seit seiner Gründung 2009 die Sharing Economy als neue Form des Wirtschaftens zunutze. Uber vermittelt dabei per App Privatleute an private oder gewerbliche Fahrer und ermöglicht so den Nutzern, schnell und preisgünstig von einem Ort zum anderen zu gelangen. Uber erhebt für jede Fahrt, welche direkt per Kreditkarte bezahlt wird, eine prozentuale Servicegebühr für die Vermittlung des Transfers. Uber entzieht sich dabei jeglicher rechtlichen Verpflichtung und stellt zusätzlich, anders als bei gewerblichen Taxiunternehmen üblich, kaum Anforderungen an ‚seine' Taxi-Fahrer.

Ein illustratives Beispiel für die digitale Transformation mit Blick auf eine digital-gestützte **Geschäftsmodellinnovation** stellt **Airbnb** dar. Die Wohnungs-Sharing-Plattform Airbnb besteht seit 2008 und ist ebenfalls (wie Uber) der Sharing Economy zuzurechnen: Privatleute vermieten ihr Zuhause oder Teile dessen unter Vermittlung durch das Unternehmen Airbnb. Airbnb ist somit lediglich für die Abwicklung der Buchung verantwortlich. Wohnungssuchende bezahlen über die Plattform direkt an Airbnb. 24 Stunden nach Anreise wird der Betrag dem Gastgeber oder der Gastgeberin schließlich ausbezahlt, um sicherzustellen, dass der Gast die Unterkunft so vorfindet, wie sie ihm angeboten wurde. Für seinen Vermittlungsdienst behält sich das Unternehmen von Gast und Gastgeber/-in einen gewissen Prozentsatz des Mietpreises ein. Rechtliche Verpflichtungen übernimmt Airbnb bei seinen Diensten jedoch keine.

Die **Vorteile für die Kundschaft** liegen auf der Hand. So ist es einerseits möglich, sehr individuelle Wünsche bei der Ausgestaltung der Wohnräume zu bedienen. Andererseits sind die Preise vielfach niedriger als im Fall konventioneller Hotels. Überdies ist es – sofern gewünscht – auch möglich, direkt bei den lokal ansässigen Vermietern zu wohnen und so Tipps aus erster Hand zu erhalten, was vor Ort unternommen werden kann.

Schließlich sei noch auf einen klassischen Industriekonzern mit Blick auf denkbare Geschäftsmodellinnovationen im Rahmen der digitalen Transformation verwiesen: Der **Automobilhersteller Ford** hat sein Angebotsspektrum mittlerweile weit über die klassischen Formen der Produktherstellung und des Vertriebs hinaus erweitert. Beispielsweise werden mittlerweile in neueren Ford-Modellen u. a. die Kunden-Nutzungsdaten der Scheibenwischanlage genutzt. Ford stellt diese Daten den Anbietern von Wetterdiensten digitalisiert und in Echtzeit zur Verfügung, weshalb auf diese Art und Weise die Wetterprognosen genauer ausgestaltet werden können.

Dies stellt einen **starken Kontrast zu gängigen betriebswirtschaftlichen Ansätzen** dar, wie etwa die Gutenberg'sche Konzentration auf die Produktionsfaktoren Arbeit, Boden und Kapital. Diese Ansätze sind nicht in der Lage, diese neuen Phänomen richtig zu erfassen: So handelt es sich bei Airbnb um ein hochprofitables Unternehmen im Hotelleriebereich, das jedoch über keinerlei eigene räumliche Übernachtungskapazitäten verfügt.

Was sind nun die **Lerneffekte aus diesen Beispielen**? Im Kern stehen aus Sicht der Verfasser nebst der konsequenten Kundenorientierung **zwei Aspekte** im Vordergrund. Erstens betrifft dies das kritische Hinterfragen etablierter betriebswirtschaftlicher und managementbezogener Ansätze. Zweitens gilt es, einen Wandel von Produkt- hin zu Dienstleistungs- und Geschäftsmodellinnovationen zu konstatieren.

Wendet man sich dem **ersten Aspekt** zu, so gilt es festzuhalten, dass die digitale Transformation einen **starken Kontrast zu gängigen betriebswirtschaftlichen Ansätzen** darstellt. Zu nennen wäre hier zuvorderst beispielsweise die Gutenberg'sche Konzentration auf die Produktionsfaktoren Arbeit, Boden und Kapital. Außerdem handelt es sich bei Airbnb – ebenso wie im Fall verwandter digitaler Phänomene – um Plattformen statt Ressourcen, weshalb sodann auch das Beziehungskapital von vorrangiger Bedeutung ist, weniger die kurzfristige Finanzlage.

Als **zweiten Aspekt** soll auf den **Wandel von Produkt- hin zu Dienstleistungs- und Geschäftsmodellinnovationen** eingegangen werden. Hierfür sollen kurz die Eckpfeiler unterschiedlicher Innovationsformen präsentiert werden, um für diese grundlegende Thematik zu sensibilisieren, bevor anschließend die Vor- und Nachteile (2.2.2 und 2.2.3) von mittelständischen Unternehmen gegenüber Großkonzernen reflektiert werden. Ein gesondertes Nachdenken mit Blick auf mittelständische Unternehmen erscheint ratsam, da diese beispielsweise über weniger Ressourcen verfügen.

Als **Innovationsformen** soll im Folgenden die inhaltliche Dimension der Innovation begriffen werden. Anders formuliert wird nunmehr das Innovationsobjekt (hier und im Folgenden s. Corsten et al. 2016, 8 ff.) in den Mittelpunkt gerückt. Wie es im Fall von Definitionen so häufig üblich ist, existiert eine Vielzahl an Systematisierungsansätzen. So sprechen Tidd und Bessant (2013) beispielsweise von Produkt-, Dienstleistungs-, Positions- und Paradigmainnovationen, Corsten et al. (2016) von Produkt-, Verfahrens- und Sozialinnovationen.

Für den vorliegenden Kontext soll nunmehr in Anlehnung an Corsten et al. (2016) die folgende Differenzierung zwischen **Innovationsformen** vorgenommen werden:

- **Produktinnovationen**: Diese Form der Innovation zielt auf das Lancieren eines neuen Produkts ab, welches am Markt reüssieren soll. Hierdurch sollen das Überleben des Unternehmens sichergestellt, Profite erzielt und Marktanteile sowie Kunden gesichert oder gar hinzugewonnen werden.

  Diese Innovationsform bildet insofern den Ausgangspunkt für die weiteren Überlegungen hinsichtlich der digitalen Transformation, als dies einen Schwerpunkt vor allem auch deutscher Industrieunternehmen und die Grundlage für deren bisherigen Erfolg darstellt. Angesichts der Diskussion um Pfadabhängigkeiten und der illustrativen Fallbeispiele, wie etwa die Insolvenz ganzer Unternehmen (z. B. Kodak) oder Sparten von Großkonzernen (z. B. Siemens' Handysparte), soll jedoch an dieser Stelle ausdrücklich darauf hingewiesen werden, dass Innovationen zunehmend auch Dienstleistungs- und Geschäftsmodellinnovationscharakter aufweisen.

- **Verfahrens-/Prozessinnovationen**: Bevor Dienstleistungs- und Geschäftsmodellinnovationen in den Mittelpunkt rücken, wollen wir uns jedoch noch der Vollständigkeit halber Verfahrens-/Prozessinnovationen widmen.

  Als Verfahrensinnovation kommen Veränderungen im Prozess der Leistungserstellung in Betracht. In diesem Zusammenhang stellen die Organisationen darauf ab, die Gewinnmarge oder Produktivität zu steigern. Daneben können auch Ressourcen- bzw. Kosteneinsparungen eine Rolle spielen.

  Im Feld der Arbeitswissenschaft werden auch immer wieder Verfahrensinnovationen dokumentiert, die der Steigerung der Sicherheit – hier verstanden als physische Unversehrtheit der Mitarbeiterschaft – dienen. Ein Beispiel hierfür wäre die zunehmend beobachtbare Nutzung von Robotern bei der Montage in der Industrie. So wird bei der Produktion von Personenkraftwagen heutzutage in den Werkshallen aller großen Automobilhersteller zunehmend auf Roboter zur Entlastung der Mitarbeiter zurückgegriffen. Pro forma sei darauf verwiesen, dass die Roboter natürlich nicht nur rein physisch unterstützend tätig sind, sondern auch digitale Daten sammeln, aufbereiten und für weitere Analysen bereitstellen.

- **Dienstleistungsinnovationen**: Hier lässt sich nunmehr trefflich streiten, inwiefern der Dienstleistungsinnovationsbegriff mit dem der Produktinnovation gleichzusetzen ist oder nicht. Angesichts der unterschiedlichen Merkmale von Produkten und Dienstleistungen scheint eine Differenzierung jedoch gerechtfertigt (z. B. lassen sich Dienstleistungen durch ihre Intangibilität oder das uno-actu-Prinzip charakterisieren; vgl. Meffert et al. 2015 für eine Einführung in die Thematik). Üblicherweise wird dabei die Intangibilität als zentrales Merkmal hervorgehoben. Zu denken wäre hier etwa an das Angebot von Transfers durch Uber und nicht durch klassische Taxi-Anbieter; die vermutlich durchaus stärker variierende Qualität der Taxi-Transfers mit Uber-Fahrern im Vergleich zu konventionellen Taxianbietern dürfte nur schwer einzuschätzen sein.

- **Organisationale Innovationen**: Obstfeld (2005) adressiert den Austausch von Ideen in Organisationen, wenn er organisationale Innovationen als „often a process of creating new social connections between people, and the ideas and resources they carry, so as to produce novel combinations“ definiert (Obstfeld 2005, 100).

Die Einführung von Telearbeitsplätzen oder Social Software wären Beispiele, die in diese Kategorie fallen. Wie noch zu zeigen sein wird, ist dies auch ein Aspekt, der für Insiders Technologies hochgradig von Belang ist, u. a. mit Blick auf das Wissensmanagement.

- **Geschäftsmodellinnovationen**: Schließlich sei noch auf den mittlerweile sehr populären Begriff der Geschäftsmodellinnovationen verwiesen. Hierunter lassen sich die wesentlichen Elemente und Prozesse von reflexiven Konzeptionen begreifen, die ein Unternehmen abdecken und die Möglichkeiten darlegen, wie ein Unternehmen am Markt reüssieren kann (Amit und Zott 2001; Teece 2010; Baden-Fuller und Haefliger 2013).

  Ein anschauliches Beispiel betrifft den Automobilhersteller Ford. Dieser stellt natürlich dem Image entsprechend zunächst Kraftfahrzeuge her. Begleitende Dienstleistungen wurden im Zeitablauf zur Angebotserweiterung angeboten, etwa Bank- und Versicherungsdienstleistungen. Doch im Zuge der Digitalisierung hat sich die Angebotspalette noch einmal deutlich erweitert und vor allem diversifiziert.

Wie bereits kritisch festgehalten wurde, stammen die meisten Beispiele von Großkonzernen. Allerdings sind nicht alle Anregungen für den Kontext mittelständischer Unternehmen umsetzbar. Daher erfolgt nunmehr eine Reflektion der Vor- und Nachteile von mittelständischen Unternehmen gegenüber Großkonzernen. Die Übertragbarkeit mit Blick auf die Digitalisierung ist sodann noch einmal eine weitere Herausforderung bzw. ein zweigleisiges Schwert. Denn einerseits kann mithilfe der Digitalisierung leicht ein Angebot auch durch mittelständische Unternehmen geschaffen werden, weshalb Eintrittsbarrieren auf den ersten Blick nicht allzu hoch erscheinen mögen. Andererseits gilt es jedoch zu berücksichtigen, dass die meisten mittelständischen Unternehmen nicht über genug Ressourcen verfügen, sich separate Abteilungen für Themen der Digitalisierung zu leisten.

2.2.2 Vorteile von mittelständischen Unternehmen gegenüber Großkonzernen

Mittelständische Unternehmen stehen vor der besonderen Herausforderung, ihre Stärken mit weitaus geringeren Kapazitäten zu verfolgen und zugleich Schwächen mit weniger Kapazitäten zu bewältigen. Tidd und Bessant (2013, 69) skizzieren verschiedene Vor- und Nachteile mittelständischer Unternehmen.

Kommen wir zunächst zu den **Vorteilen von mittelständischen Unternehmen**:

- **Schnelligkeit der Entscheidungsfindung**: Aufgrund der zumeist eher flachen Hierarchien – und damit einhergehend hohen Leitungsspannen – sind mittelständische Unternehmen üblicherweise eher in der Lage, auf volatile Umfelder zu reagieren und dadurch auch organisationsintern leichter bzw. schneller Informationen zu sichten und Entscheidungen zu treffen.
- **Informell gelebte Kultur**: Überdies zeichnen sich mittelständische Unternehmen vielfach auch dadurch aus, dass sie nicht nur organisationskulturelle Aspekte proklamatorisch in den Vordergrund rücken. Vielmehr wird die betreffende Organisationskultur tatsächlich auch gelebt.

- **Informations- und Kommunikationsfluss**: Im Gegensatz zu Großkonzernen sind mittelständische Unternehmen auch leichter in der Lage, Informationen aus der Organisationsumwelt aufzunehmen bzw. organisationsintern zu generieren und diese zu verarbeiten bzw. mitzuteilen. Im Sinne der Absorptionsfähigkeit (Cohen und Levinthal 1990) sind mittelständische Unternehmen daher besser dafür gerüstet, Informationen bzw. Wissen zu absorbieren.
- **Geteilte und verständliche Vision**: Ähnlich wie im Fall der tatsächlich gelebten Unternehmenskultur sind mittelständische Unternehmen üblicherweise auch in der Lage, die eigene Vision – verstanden als die langfristigen, vielfach schwer greifbaren Ambitionen des Unternehmens – verständlicher innerhalb des Unternehmens zu kommunizieren.
- **Flexibilität und Agilität**: Aufgrund der kürzeren Entscheidungswege (im Sinne flacherer Hierarchien und höherer Leitungsspannen) sind mittelständische Unternehmen, wie zuvor bereits angedeutet, eher in Lage, flexibel auf Änderungen in der Unternehmensumwelt zu reagieren.

  So müssen Entscheidungen im Vergleich zu großen Konzernstrukturen durch weniger Personen verabschiedet werden. Zwar lässt sich dies in Ausnahmefällen auch in Großkonzernen beobachten, z. B. war die SAP-Software Hana ein von Hasso Plattner, einem der SAP-Unternehmensgründer, selbst mitlanciertes Projekt, das mit aller Macht im Konzern (erfolgreich) verfolgt wurde. Doch ist es immer wieder auch zu beobachten, dass Projekte in großen Unternehmen ‚im Sande verlaufen'.
- **Unternehmergeist und Risikobereitschaft**: Zwei weitere markante Merkmale, die sich als Vorteile von mittelständischen Unternehmen auslegen lassen, sind Unternehmergeist und Risikobereitschaft. Dies kann auch als Notwendigkeit ausgelegt werden, da mittelständische Unternehmen im Vergleich zu Großkonzernen nicht in der Lage sind, beliebig viele Projekte bzw. Ideen gleichzeitig zu verfolgen. Eine Konsequenz hiervon ist, dass zumeist vergleichsweise weniger Projekte oder Ideen verfolgt werden, diese dann aber mit umso mehr Verve.
- **Energie, Enthusiasmus und leidenschaftliche Innovationsorientierung**: Eng verknüpft mit dem vorher genannten Aspekt ist die Fähigkeit, vor allem Innovationen nachhaltig und mit hohem Commitment zu verfolgen.
- **Organisationsinterne und -externe Vernetzung**: Sofern Ideen Anklang finden und mit hohem Commitment vorangetrieben werden, sind mittelständische Unternehmen auch leichter in der Lage, organisationsintern und -extern die relevanten Personen oder Organisationen zu vernetzen. Aufgrund der zuvor in Summe angeführten Vorteile, wie etwa kürzere Entscheidungswege und leichterer Informations- und Wissensfluss, können bei mittelständischen Unternehmen kurzerhand Strukturen zur Vernetzung geschaffen werden.

2.2.3 Nachteile von mittelständischen Unternehmen gegenüber Großkonzernen

Die skizzierten Vorteile sind jedoch bei genauerer Hinsicht auch ambivalent, weshalb nunmehr die **Nachteile von mittelständischen Unternehmen** näher ausgeleuchtet werden sollen (die Reihenfolge der Schattenseiten von mittelständischen Unternehmen orientiert sich dabei im Wesentlichen an den zuvor präsentierten Vorteilen):

- **Fehlende formale Systeme zur Managementkontrolle**: Ein wesentlicher Nachteil von mittelständischen Unternehmen sind aller Geschwindigkeit zum Trotz – oder gerade ob der schnelleren Möglichkeiten, Projekte und Ideen zu verfolgen – die vielfach fehlenden formellen Rahmenbedingungen, um Projektzeiten und -kosten systematisch zu überwachen.
- **Fehlender Zugang zu zentralen Ressourcen**: Des Weiteren erweist es sich vielfach als nachteilig, dass mittelständische Unternehmen über vergleichsweise weniger Ressourcen verfügen, vor allem finanzieller Art.

  Die Situation ist in diesem Zusammenhang bei Großkonzernen weitaus besser. Grund hierfür ist, dass große Unternehmen auch über ungenutzte oder doppelt vorhandene Ressourcen (z.B. Personalkapazitäten) oder zentrale Ressourcenpools (z.B. unterstützende Abteilungen) verfügen (‚organizational slack'), den sie bei Bedarf relativ flexibel abrufen können.
- **Fehlende Fähigkeiten und Erfahrung**: Aufgrund der geringeren Zahl an Ressourcen, vor allem Personal, sind mittelständische Unternehmen vielfach nicht in der Lage, notwendige Kompetenzen schnell zu rekrutieren und aufzubauen. Sicherlich sind neu anzustrengende Kompetenz- bzw. Fähigkeitsfelder auch in Großkonzernen nur schwerlich zu initiieren. Allerdings ist meist durch die vergleichsweise bessere Ressourcenausstattung die Möglichkeit leichter gegeben, organisationales Lernen anzustoßen.
- **Fehlende langfristige Perspektive**: Ein weiterer, negativ zu beurteilender Aspekt ist die in weiten Teilen vorzufindende Konzentration auf das Tagesgeschäft. Die Schnelligkeit wird somit schnell zur Schnelllebigkeit. Mittelständische Unternehmen sind daher eher weniger in der Lage, Projekte mit hohen Anlaufkosten (z.B. für Forschung und Entwicklung) zu verfolgen.
- **Fehlende Struktur und Nachfolgeplanung**: Noch stärker als bei Großkonzernen sind mittelständische Unternehmen auf die Expertise von Individuen angewiesen, die hervorragende Leistungen erbringen. Der Verlust eines Leistungsträgers durch erwartete (z.B. Ruhestand) oder unerwartete (z.B. Abwerbung durch einen Headhunter) Vorkommnisse ist vielfach nur sehr schwer zu kompensieren.
- **Fehlendes oder nur schwach ausgeprägtes Risikomanagement**: Im Gegensatz zu Großkonzernen wird vermeintlich auch mit Blick auf den Umgang mit Risiken und Unsicherheiten (Müller-Seitz 2014a; 2014b) vielfach intuitiv und ohne langfristige Perspektive entschieden. Dies liegt beispielsweise an der fehlenden Möglichkeit von mittelständischen Unternehmen, sich eigens dafür eingerichtete Abteilungen zu leisten.
- **Fehlende Detailorientierung und Mangel an Systemen**: Vor allem der letztgenannte Punkt unterstreicht die vielfach zu monierenden formalen Rahmenbedingungen. Die Möglichkeit, schnell und flexibel zu agieren und Entscheidungen vergleichsweise ‚unbürokratisch' zu treffen, kann auch schnell zur Achillesferse werden. Formale Planungssysteme sind zwar aus dieser Sicht betrachtet behäbig, aber schützen oft vor allzu spontanen Reaktionen.

- **Fehlender Zugang zu Ressourcen**: Wie aus den vorherigen Bemerkungen ersichtlich, sind überschüssige Ressourcen selten oder gar nicht in mittelständischen Unternehmen vorhanden. Das Fehlen von organizational slack ist also ein zentrales Manko, das es zu berücksichtigen gilt.

Die skizzierten Vor- und Nachteile gelten im Großen und Ganzen ebenso für Insiders Technologies wie für andere mittelständische Unternehmen. Ein Reflektieren dieser Sachverhalte und das Ableiten von angemessenen Strategien für den Umgang mit der digitalen Transformation sind die notwendige Konsequenz. Ein wesentlicher Aspekt sollte bereits zu diesem Zeitpunkt offenbar geworden sein: die vergleichsweise geringere Ressourcenausstattung von mittelständischen Unternehmen legt ein offenes Managementverständnis nahe, das auf **offene Innovations- und Strategiefindungsprozesse (Open Innovation und Open Strategy)** hin ausgelegt ist. Hierauf soll im Folgenden näher eingegangen werden.

2.3 Auf dem Weg zu einem offenen Managementverständnis

Die Notwendigkeit zu kooperieren, um die digitale Transformation erfolgreich bewältigen zu können, steht im Folgenden im Mittelpunkt. Gemäß des umgangssprachlichen Mottos ‚Angriff ist die beste Verteidigung' kann aus Sicht der Verfasser technologische Führerschaft und Selbsterneuerung letztlich nicht als eine mögliche Option, sondern als einzig zielführender Weg für die Unternehmensführung in Betracht gezogen werden.

Wie kann es nun konkret gelingen, die digitale Transformation zu bewältigen? Hierfür sind zwei zentrale Ankerpunkte zu nennen. Dies betrifft einerseits die Öffnung der Innovationsprozesse, die mittlerweile unter dem von Chesbrough (2003) geprägten Schlagwort einer Open Innovation weite Verbreitung gefunden haben (2.3.1). Andererseits umfasst dies auch die Öffnung der Strategiefindungs- und nicht nur der Innovationsprozess; ein Themenkomplex der unter dem Begriff Open Strategy (2.3.2) Eingang in Managementpraxis und -forschung gefunden hat.

2.3.1 Open Innovation

Im Gegensatz zu den vorhergehend skizzierten Aktivitäten, Innovationen ausschließlich organisationsintern voranzutreiben, soll nun ein Perspektivenwandel vorgenommen werden. Denn die organisationsinterne Generierung von Innovationen – als **Closed Innovation** nach Chesbrough (2003) zu bezeichnen – ist lediglich ein Teil des denkbaren Aktivitätsspektrums. Insbesondere angesichts knapperer Ressourcenausstattungen von mittelständischen Unternehmen wie Insiders Technologies im Vergleich zu Großkonzernen sind Organisationen zunehmend auf Kooperationen mit anderen Organisationen angewiesen, sei es bei der (industriellen) Dienstleistungserbringung (vgl. exemplarisch Müller-Seitz 2015) oder dem Hervorbringen von Geschäftsmodellinnovationen (vgl. exemplarisch Müller-Seitz et al. 2018).

Folgt man Chesbroughs (2003) Gedankengängen zur Entwicklung der Ausgestaltung von Innovationsprozessen, lässt sich ein **Wandel hin zu einer Open Innovation** festhalten. Was versteht Chesbrough nun genau darunter?

Grundsätzlich beschreibt das Phänomen der Open Innovation die Öffnung der Innovationsprozesse über Organisationsgrenzen hinweg. Es geht also darum, den Blickwinkel hin zu organisationsexternen Akteuren zu öffnen. Denn laut Chesbrough wird immer offensichtlicher: „Useful knowledge has become widely diffused" (Chesbrough 2003, xxix). Partnerschaftliche Kooperationsoptionen mit anderen Unternehmen, die Ideengenerierung durch eine unbestimmte Anzahl an Individuen (‚Crowdsourcing') oder die Kundenintegration erscheinen für das Hervorbringen von Innovationen somit dringend notwendig. Angesichts dieser Auslegung erhält sodann auch das zuvor präsentierte Not-invented-here-Syndrom wiederum eine gänzlich andere Bedeutung und legt nahe, „that companies need not reinvent the wheel, since they can rely on external sources to do the job effectively" (Chesbrough 2003, 49). Dies sind in Kürze die Leitgedanken, die den folgenden Ausführungen zugrunde liegen.

Um den Wandel nun näher betrachten zu können, wollen wir uns zunächst möglichen Akteuren zuwenden. Als Folge kommen grundsätzlich heterogene externe Gruppen als Partner für Open Innovation infrage. Hierunter fallen u. a. Kunden, Zulieferer, Wettbewerber oder Bürger. Mittlerweile existiert hierzu eine Vielzahl empirischer Studien, die das Konzept einer Open Innovation nachhaltig untermauern (Chesbrough 2003). Letztlich zielen die Ansätze somit auf die **Ausweitung bzw. Verwässerung der Unternehmensgrenzen** mit Blick auf Aktivitäten des Innovationsmanagements (vgl. hierzu ähnlich Picot et al. 2003).

Dies geschieht stets aufgrund der Annahme, dass Kooperationen mit unternehmensexternen Akteuren aus Sicht der Unternehmensführung zweckvoll sind. Nachstehende Darstellung bietet einen kontrastierenden Überblick hinsichtlich der Merkmale von Closed und Open Innovation nach Chesbrough (2003).

Closed Innovation	**Open Innovation**
Die qualifizierten Kräfte unseres Forschungsfelds arbeiten für uns.	Nicht alle qualifizierten Kräfte arbeiten für uns. Daher müssen wir an das Wissen firmenexterner Kräfte gelangen.
Profitable F&E resultiert aus eigener Entdeckung, Entwicklung und Lieferung.	Während externe F&E bedeutenden Nutzen erbringen kann, ist interne F&E notwendig, um einen Teil dieses Werts zu beanspruchen.
Entdecken wir es, so können wir es als erstes Unternehmen auf den Markt bringen.	Nicht nur firmeninterne Forschung kann für unser Unternehmen profitabel sein.
Sind wir das erste Unternehmen, das die Innovation kommerzialisiert, so gewinnen wir.	Der Aufbau eines verbesserten Geschäftsmodells überwiegt den Drang nach dem ersten Markteintritt.

Closed Innovation	Open Innovation
Kreieren wir die meisten und besten Ideen im Wettbewerb, so gewinnen wir.	Finden wir die bestmögliche Kombination aus internem und externem Wissen, so gewinnen wir.
Wir sollten unser geistiges Eigentum schützen, um zu verhindern, dass andere davon profitieren.	Wir sollten aus der Nutzung unseres geistigen Eigentums durch Dritte profitieren und fremdes geistiges Eigentum erwerben, sofern es unser Businessmodell voranbringt.

Darst. 2.2: Vergleich von Closed- und Open-Innovation-Charakteristika.
Quelle: Leicht verändert von Chesbrough (2003), zitiert nach Corsten et al. (2016).

Grundsätzlich ist also festzuhalten, dass der Open-Innovation-Bezugsrahmen auf den Austausch von Informationen und Wissen mit der Organisationsumwelt abstellt. Dieser Austausch kann in beide Richtungen erfolgen. Es kommt so letztlich zu einer potenziellen Entkoppelung von Wissensentwicklung und Kommerzialisierung vom Ort der Innovation, die nicht mehr notwendigerweise im eigenen Unternehmen angesiedelt ist.

Hierbei lassen sich offene Innovationsprozesse bezüglich der **Richtung des Informationsaustauschs** aus **zwei grundsätzlich unterschiedlichen Blickwinkeln** betrachten (Gassmann und Enkel 2006, 133):

- Hier steht auf der einen Seite der **Outside-in-Innovationsprozess**, bei welchem externes Wissen, beispielsweise von der Kundschaft und von Lieferanten, in den Innovationsprozess des eigenen Unternehmens einfließt.
- Entgegengesetzt beschreibt die **Inside-out-Innovation** auf der anderen Seite den Fluss internen Wissens an externe Organisationen.

Zusätzlich lässt sich ein kombinierter Prozess von Inside-out- und Outside-in-Innovation betrachten, der sog. **Coupled-Prozess**, welcher die Nutzung firmeninternen Wissens mit der Einbeziehung externen Wissens kombiniert.

Aktivitäten im Bereich Open Innovation lassen sich somit auf gemeinsame Erkenntnisse der Akteure zurückführen und können dabei als Ergänzung der Closed-Innovation-Aktivitäten aufgefasst werden oder ersetzen diese in vielen Fällen sogar vollständig. Dabei bietet der Open-Innovation-Ansatz im Wesentlichen folgende **Vorteile**:

- **Kostenreduktion**: Durch gemeinsame Forschungs- und Entwicklungsaktivitäten bei sich überschneidenden Innovationsprozessen verteilen sich die (zumeist fixen) F&E-Kosten auf die involvierten Organisationen.
- **Zeitreduktion**: Gemeinsame F&E-Aktivitäten können Entwicklungszeiten verkürzen.
- **Marktbezug**: Durch den Einbezug der relevanten Akteure (z. B. Kundschaft oder Wettbewerber) in den Entwicklungsprozess lassen sich Produkte spezifischer für den Markt entwickeln, was zusätzlich den Markteinstieg erleichtert (hierzu Busarovs 2013).

Wenngleich eine Vielzahl an Studien existiert, die den Nutzen des Open-Innovation-Ansatzes unterstreichen, so lässt sich auch **Kritik** an diesem Konzept festhalten. Zentral vorgetragen wird Folgendes:

- Plausibilitätsgestützt lassen sich diverse Belege konstatieren, bei denen externe Akteure keineswegs die vermeintlich angenommenen Vorteile realisieren. So kann es sein, dass besonders zukunftsträchtige sog. Lead-User lediglich Nischenbedürfnisse, aber nicht die (später angestrebte) Massenmarktnachfrage abbilden. Außerdem kann der Verlust der Lead-User-Eigenschaft erfolgen. So könnten externe Einflüsse schließlich dazu führen, dass ehemalige Lead-User u. U. altmodisch erscheinen. Dieser Gedankengang lässt sich aber nicht nur für Lead-User ins Feld führen, sondern auch generell für die Kundschaft oder Lieferanten. Außerdem kann der Verlust von Kernkompetenzen im Sinne des ressourcenorientierten Ansatzes auch an dieser Stelle als ein relevanter Kritikpunkt betrachtet werden.

Zur Erweiterung des Betrachtungsspektrums lassen sich nunmehr unterschiedliche **Strategien** anwenden, **um Ideen zu generieren** bzw. zu erhalten. In Anlehnung an die Ausführungen bei Tidd und Bessant (2013, 278) lassen sich für den Kontext der digitalen Transformation nebst anderen Anregungen folgende Möglichkeiten festhalten:

- **Versendung von Scouts**: Als Scouts werden üblicherweise Individuen begriffen, die nach neuen Ideen Ausschau halten. Dies muss nicht immer klassische berufliche Umfelder betreffen, sondern kann mithin auch freizeitbezogene Aspekte umfassen. So wurde beispielsweise auch die Idee für das CamelBak durch Beobachtungen in der Freizeit geboren, indem die Idee des Verstauens der Flüssigkeitszufuhr in Rucksackform bei einem Bergsportler oder einer Bergsportlerin in abgewandelter Form entdeckt wurde.

  Gleiches geschieht natürlich auch mit Blick auf das Internet. Dort werden regelmäßig Innovationen durch Scouts gesichtet, die für das betreffende Unternehmen einschlägige soziale Foren, Weblog- oder andere Online-Gemeinschaften sichten, um so zu innovativen Ideen zu gelangen.

  Beispielsweise nutzte die Firma Beiersdorf eine verwandte Methodik, die sog. Netnographie (Kozinets 2002), um innovative Produktideen für Deos zu erhalten. In einem einschlägigen Forum wurde so Tug gefunden, der sich selbst als ‚The Undershirt Guy' (daher das Akronym Tug) bezeichnet und der als Spezialist oder Lead-User (von Hippel 1986) eingestuft werden kann. Im engen Austausch mit Tug entwickelte Beiersdorf die Produktreihe ‚Black and White', eine der erfolgreichsten Innovationen der gesamten Unternehmensgeschichte.
- **Ausleuchten möglicher zukünftiger Zustände**: Mittlerweile etablierte Techniken, wie etwa die Szenariotechnik, bieten einen weiteren Anknüpfungspunkt, sich mit Fragestellungen des Innovationsmanagements auseinanderzusetzen. Dabei wird im Kern der Frage nachgegangen, welche Trends oder ‚Szenarios' sich künftig für bestimmte Themenfelder identifizieren lassen. Daraus sollen sodann Anregungen abgeleitet werden, wie in Zukunft Handlungsalternativen für die eigene Organisation zu entwickeln sind.

Shell nutzte schon in den 1970er-Jahren die Szenariotechnik, um mit den Unsicherheiten der Ölpreiskrise umzugehen. Auch heute wird diese Technik von Shell – sowie weltweit von vielen weiteren Unternehmen – noch angewandt, um Unsicherheiten verschiedener Märkte zu beleuchten und darauf reagieren zu können (Schoemaker 2002).

- **Nutzung des Internets**: Die Sichtung von Informationen über das Internet stellt eine weitere Möglichkeit dar. Dies liegt insofern nahe, als das Internet eine große Menge an Informationen bereithält, die bereits durch kurze Sichtung über gängige Suchmaschinen gewonnen werden können.
  Zentrale Herausforderung bei der Nutzung des Internets ist es dabei jedoch aller Wahrscheinlichkeit nach für die meisten Fragestellungen, eine gezielte Verdichtung des Datenmaterials vorzunehmen, ohne dabei relevante Informationen zu verlieren. Außerdem – und eng verknüpft damit – dürfte es eine weitere Herausforderung sein, möglichst eng an der eigenen Fragestellung liegende Informationen zu sichten. Vielfach existieren zu dem anvisierten Themenkomplex bereits Informationen, allerdings ist das Thema im engeren Sinne häufig nicht vollständig überschneidungsfähig mit dem eigenen Anliegen, weshalb die Informationen kritisch gewählt und einer Analyse überführt werden sollten.
  Möglichkeiten bzw. Beispiele, die über die reine Informationssuche mit Blick auf existierende Studien und Dokumente hinausgehen, bestehen in der Auseinandersetzung mit Online-Communities sowie Crowd- bzw. Citizensourcing.
- **Deep diving**: Dieser Begriff hat sich jüngst in der Forschung und Praxis des Innovationsmanagements etabliert und zielt im Wesentlichen auf das ab, was gemeinhin im Rahmen der qualitativen Methoden in der empirischen Sozialforschung unter teilnehmender Beobachtung begriffen wird (vgl. ausführlich Danner-Schröder und Müller-Seitz 2017).
  Im Kern steht also die tatsächliche Beobachtung, Dokumentation und Interpretation von Verhaltensweisen (meist von Individuen) in Abgrenzung zu den eher gängigen, aber vergleichsweise vorgefertigten Eindrücken, die durch das Abfassen von Fragebögen gewonnen werden. Dies lässt sich damit begründen, dass mittels teilnehmender Beobachtung die Möglichkeit besteht, neuen Informationen gegenüber offen zu sein und tatsächliches Nutzungsverhalten (z. B. bei Produkten oder Dienstleistungen) zu beobachten.
  Die Sichtung von innovativen Nutzern, wie etwa Tug – The Undershirt Guy –, und die Beobachtung von dessen Aktivitäten in Online-Foren wäre eine Möglichkeit, das skizzierte Deep Diving durchzuführen.
- **Personalauswahlstrategien**: Eine weitere Option besteht darin, bewusst auf eine diverse Teamzusammensetzung zu achten. Dies kann hilfreich sein, da unterschiedliche Perspektiven dazu beitragen, ein Problem möglichst ganzheitlich zu betrachten. Hieraus resultiert sodann wiederum die Möglichkeit, auch ein möglichst breites Lösungsspektrum zu generieren.
  Ein Kontext, in dem dies deutlich zum Tragen kommt, ist die Entwicklung von Open-Source-Software (Müller-Seitz 2017a). Hier wird unterstellt, dass eine Vielzahl an Nutzern letztlich dazu beiträgt, die Programmierung der jeweiligen Software, wie etwa Apache oder Linux, durch möglichst viele Perspektiven immer weiter zu optimieren.

Welche Strategien der Generierung von Innovationen in Anschlag gebracht werden, hängt auch von der Wahl der potenziell kooperierenden Akteure ab. Diese werden nun näher vor dem Hintergrund der Strategiefindung betrachtet.

2.3.2 Open Strategy – and Beyond

Unter dem Begriff Open Strategy (Whittington et al. 2011) werden alle jene Maßnahmen thematisiert, die auf offene Strategiefindungsprozesse abzielen. Unter Rekurs auf Müller-Seitz und Kollegen (Dobusch et al. im Druck; Müller-Seitz und Kowalski 2018; Kowalski et al. 2015) sollen nun kooperative Ansätze der offenen Strategiefindung skizziert werden, wie sie auch für Insiders Technologies von Belang sind und später noch thematisiert werden.

Was sind die **Motivlagen**, Open Strategy zu verfolgen? Im Wesentlichen sind die folgenden Aspekte zu nennen:

- Eine Motivlage besteht sicherlich darin, ähnlich wie mit Blick auf Open-Innovation-Aktivitäten (Chesbrough 2003), im Fall von Open Strategy danach zu streben, durch möglichst viele extern generierte Ideen, den **Strategiefindungsprozess inhaltlich zu verbessern**.
- Eine weitere Motivation für Open Strategy kann jedoch auch, wie im Fall der Beauftragung externer Beratungsunternehmen, die **Steigerung der Legitimität** der zu verfolgenden und noch zu entwerfenden Strategie sein. So könnte z. B. mit Blick auf unpopuläre Maßnahmen die offene Strategiefindung dazu beitragen, dass alle Akteure zumindest pro forma beteiligt wurden und so das Vorgehen als legitim(er) anerkannt wird.

  Ein Beispiel öffentlichen Verwaltungshandelns ist für ein solches Vorgehen stellvertretend: Indem die Regierung des ehemaligen U.S.-Präsidenten Barack Obama nach mehr Offenheit und Transparenz mit Blick auf das Verwaltungshandeln unter dem Schlagwort Open Government geworben hatte, stieg die Zahl von Aktivitäten in diesem Bereich schlagartig an (Janssen et al. 2012; Mergel und Desouza 2013). Auch im deutschsprachigen Raum entwickelten sich hierzu diverse Initiativen, etwa mit Blick auf die Ausgestaltung von Bürgerhaushalten in deutschen Gemeinden (Hilgers et al. 2010).
- Eng damit verbunden ist auch der Versuch, die **Reputation** der Unternehmung zu steigern. Denn Open Strategy ist zumindest aus heutiger Sicht sicherlich ein innovatives Konzept, das zunehmend populärer wird. Dadurch können Unternehmen auf ihre grundsätzlich aufgeschlossene Haltung gegenüber dem State-of-the-Art des Managements in Unternehmenspraxis und Forschung verweisen, was sicherlich positive Effekte für das ‚Employer Branding' in Zeiten des Kampfs um talentierten Mitarbeiternachwuchs mit sich bringt.

  Vergleichbare Bestrebungen sind im Bereich der Wissenschaft unter dem Schlagwort Open Science zu beobachten (David 1985; Molloy 2011). Zentrales Anliegen ist es in diesem Fall, Forschungsergebnisse einem möglichst breiten Publikumsspektrum über das Internet zur Verfügung zu stellen. Zwar steht bei Open Science nicht die Generierung, sondern die Verfügbarkeit von Wissen im Vordergrund. Dennoch lässt sich der Gedanke des Wissenstransfers durchaus auch in diesem Beispiel und dem damit verbundenen Zeitgeist des ‚Teilens' wiederfinden.

- Des Weiteren lässt sich festhalten, dass Open Strategy **Strategiefindungsprozesse nicht mehr als ‚geheime Aktivität hinter verschlossenen Türen'** erscheinen lässt. So konstatieren beispielsweise Johnson et al. (2010), dass Strategiefindung bis dato zumeist als zeitlich und räumlich von der Organisation abgetrennte Aktivitätenbündel zu betrachten sind. Strategieworkshops oder Strategy Retreats sind gängige Maßnahmen, bei denen üblicherweise immer wieder – wie es der Name ‚Retreat' bereits andeutet – auf Räumlichkeiten außerhalb des Unternehmens zurückgegriffen wird, wie beispielsweise eine unkonventionelle Umgebung (z. B. ein Kloster) oder zumindest eine Unterkunft entfernt von den Räumlichkeiten des Unternehmens (z. B. ein Hotel in den Bergen).
  Indem zumindest der Versuch unternommen wird, den Strategiefindungsprozess möglichst **transparent** auszugestalten, kann dies ebenfalls positiver für die Selbst- und Fremddarstellung des Unternehmens sein (vgl. ähnlich Dobusch et al. im Druck; Mantere und Vaara 2008). Allerdings ist das Streben nach Transparenz nicht unumstritten. Beispielsweise proklamiert Vicente-Lorente (2001), dass die von Mantere und Vaara (2008) angeprangerte Mystifizierung des (geschlossenen) Strategiefindungsprozesses sogar notwendig sei, um Wettbewerbsvorsprünge zu erlangen.

Insgesamt lässt sich konstatieren, dass Strategiefindung zunehmend inklusiver verfolgt wird, d. h. Open Strategy zunehmend Verbreitung findet. Dabei ist festzuhalten, dass offene Strategiefindungsprozesse zumeist direkt oder indirekt als wesentlich erfolgversprechender wahrgenommen werden als geschlossene Strategiefindungsprozesse. An die Idee offener Innovationsprozesse anknüpfend, wird auch vielfach vermutet, dass Geschäftsmodellinnovationen leichter in offenen Settings entwickelt werden können (vgl. analog Müller-Seitz et al. 2018 sowie Chesbrough und Appleyard 2007 und Whittington et al. 2011).

Was sind heutzutage die **geläufigsten Kooperationspartner bei offenen Strategiefindungsprozessen**? Zunächst fallen hier sicherlich professionelle Dienstleistungsunternehmen, wie etwa Unternehmensberatungen oder mit Abstrichen auch Wirtschaftsprüfungsgesellschaften ins Auge (vgl. hierzu generell Løwendahl 1997; Molloy und Whittington 2005; Hodgkinson et al. 2006; Nordqvist und Melin 2008). Wenngleich vor allem Unternehmensberatungen mittlerweile etabliert und vielfach akzeptiert sind (Løwendahl 1997; Maister 1982), so stellen sie dennoch einen Archetypus der offenen Strategiefindung dar.

Allerdings zeigen jüngere Forschungsergebnisse und Beispiele aus der Praxis immer wieder, dass Open Strategy nicht nur mit Unternehmensberatungen erfolgen muss. **Weitere denkbare Akteure** umfassen beispielsweise auch ‚Crowds'. Unter dem Begriff der **Crowds** (engl. Masse) sollen freiwillig Beitragende verstanden werden, die durch einen Aufruf im Internet (Broadcast; s. Jeppesen und Lakhani 2010 sowie auch Kaiser und Müller-Seitz 2008) zur Teilnahme an den offenen Strategiefindungsprozessen eingeladen werden.

Dobusch et al. (im Druck) konnten diesen Sachverhalt bei der **Wikimedia Foundation** beobachten. Die Wikimedia Foundation ist u. a. die Betreiberorganisation von

Wikipedia. Im Einklang mit der Online-Enzyklopädie Wikipedia unternahm die Organisation den Versuch, die Strategie für die nächsten Jahre durch ein Crowdsourcing zu entwerfen. Über den Zeitraum von einem Jahr wurden freiwillig Teilnehmende aufgerufen, sich an der Strategiefindung zu beteiligen. Am Ende nahmen über 1.000 Personen aus der ganzen Welt an der Strategiefindung teil. Wenngleich das Autorenteam aufzeigen konnte, dass die Strategiefindung keineswegs so offen ist, wie es auf den ersten Blick bei dem im Einklang mit Wikipedia – der durch jedermann änderbaren Online-Enzyklopädie – zu vermuten wäre, handelt es sich dennoch um ein anschauliches Beispiel für offene Strategiefindung. Ein ähnliches Konzept verfolgt auch **IBM** mittels sog. Strategy Jams, bei denen freiwillig Beitragende gesucht werden, Anregungen für die Strategieentwicklung von IBM zu geben (Whittington et al. 2011). Allerdings handelt es sich dabei um ein ausschließlich organisationsinternes Vorgehen, wohingegen im Fall von Wikimedia explizit organisationsexterne Personen und Akteure zur Beteiligung aufgerufen wurden.

Auch **interorganisationale Netzwerke** können offene Strategiefindungsprozesse anstoßen (vgl. hierzu ausführlich Sydow et al. 2016). Zu denken wäre hier etwa an die Star Alliance als eines der dominierenden Luftverkehrsbündnisse im Passagierbereich zur Ermöglichung eines möglichst reibungslosen Fernflugreiseverkehrs. Die Ausgestaltung der Flugrouten und das Positionieren im Wettbewerb gegenüber anderen Luftverkehrsbündnissen (z. B. hinsichtlich der Positionierungen zur Qualität oder Preisgestaltung) gilt es immer wieder neu auszuhandeln. Ähnlich verhält es sich mit dem Kartendienst Here. Der Kartendienst stellt einen Zusammenschluss von Daimler, BMW, Audi und Intel dar. Die Netzwerkmitglieder verfolgen gemeinsame Interessen mit Blick auf die Softwareentwicklung für den Kartendienst, wie etwa die Positionierung des Produkts am Markt und mögliche weitere Synergien aus gemeinsamen Kooperationsaktivitäten, über die es gemeinsam zu entscheiden gilt. Anzumerken ist hierbei dennoch, dass die Unternehmen gleichzeitig weiterhin auch zumindest in Teilgebieten Konkurrenten sind und sie dort eigenständige Ziele verfolgen, weshalb somit sowohl Kooperation als auch Konkurrenz vorherrschen (Brandenburger und Nalebuff 1996; Wilhelm 2011). Müller-Seitz und Kowalski (2018, 39) fassen diese Beobachtungen wie folgt zusammen: „Daher können offene Strategiefindungsprozesse als kritischer Bestandteil neuer Formen der (inter-) personellen und -organisationalen Vernetzung verstanden werden. Offene Strategiefindung kann also metaphorisch als eine Art Hebel begriffen werden, mittels dessen ehemals vom Strategiefindungsprozess ausgeschlossene, organisationsinterne und -externe Akteure mit in die Strategiefindung einbezogen werden können".

Abschließend sei angeführt, dass offene Strategiefindungsprozesse zur Anpassungsfähigkeit von Organisationen gegenüber sich wandelnden Rahmenbedingungen beitragen. Dieses Phänomen wird üblicherweise unter dem Begriff der **Resilienz** diskutiert (hier und im Folgenden s. ausführlich Müller-Seitz 2014b).

Der Ausdruck Resilienz stammt aus dem Forschungsfeld der Ökologie und bezeichnet die Widerstandsfähigkeit eines Systems gegenüber zumeist negativen Wirkeffekten (Folke 2006; Günther 2009). Letztlich geht es dabei vor dem Hintergrund der digitalen Transformation also um die Zukunftsfähigkeit der betreffenden Organisationen.

Verwandte Ideen wurden bereits zu früherem Zeitpunkt von Staber und Sydow (2002) vorgetragen, die den Begriff der organisationalen **Adaptionsfähigkeit** in den Mittelpunkt ihrer Überlegungen gerückt haben.

Allerdings sollen Unternehmen hier keineswegs als passiv-reaktive Akteure konzipiert werden. Ein offenes Managementverständnis geht vielmehr auch von einer proaktiven Unternehmensführung aus.

Als **Fazit** gilt es zu konstatieren, dass das hier vorgetragene, offene Managementverständnis darauf abzielt, die Zukunftsfähigkeit von Organisationen zu gewährleisten. Dies erfolgt im Kern durch offene Innovations- und Strategiefindungsprozesse, die über die organisationalen Grenzen hinausgehen. Wie sich ein solches offenes Managementverständnis am Beispiel von Insiders Technologies als mittelständischer Hidden Champion wiederfinden lässt, steht im Anschluss an ein kurzes Portrait von Insiders Technologies (3) anhand von ausgewählten Erfolgsfaktoren im Mittelpunkt (4).

3 Insiders Technologies – ein Hidden Champion des deutschen Mittelstands

Kompakt:

Nach der Lektüre dieses Kapitels sind Sie in der Lage, …

- … die wesentlichen Meilensteine und Merkmale der Unternehmensentwicklung von Insiders Technologies wiederzugeben,
- … die zentralen Konturen der digitalen Transformation am Beispiel von Insiders Technologies in einer Theorie und Praxis verbindenden Art und Weise zu erörtern sowie
- … die Besonderheiten eines mittelständischen Unternehmens mit Blick auf die Digitalisierung zu reflektieren.

3.1 Vom Spin-off zum Hidden Champion

Nachstehend steht Insiders Technologies im Mittelpunkt, ein Hidden Champion (Simon 2012) der digitalen Transformation (Heinlein und Weiss 2017). Um ein greifbares Bild der Unternehmung zu erhalten, wird Insiders Technologies zunächst vorgestellt, bevor anschließend zentrale Erfolgsfaktoren der digitalen Transformation am Beispiel von Insiders Technologies erläutert werden.

Kommen wir zunächst zur Schilderung der Entwicklung von Insiders Technologies. Um den Erfolg und die wesentlichen Charakteristika des Unternehmens angemessen begreifen zu können, ist es notwendig, zum Ursprung zurückzukehren (3.1.1). Denn die Entstehung bzw. der Impetus für die Gründung von Insiders Technologies hält bereits im positiven Sinne der Pfadabhängigkeit (Sydow et al. 2009) Informationen bereit, die aufschlussreich sind, um das Unternehmen zu verstehen (3.1.2). Im Anschluss daran wird die gegenwärtige Situation im Jahr 2018 präsentiert (3.2).

3.1.1 Die Ausgründung aus dem DFKI – It's People's Business

Als Ausgangspunkt kann in vielerlei Hinsicht das **Deutsche Zentrum für Künstliche Intelligenz (DFKI) in Kaiserslautern** betrachtet werden, die in Deutschland führende Forschungseinrichtung für anwendungsorientierte Grundlagenforschung auf dem Gebiet der Künstlichen Intelligenz. So ging Insiders Technologies 1998 als Spin-off aus dem DFKI hervor, was das Unternehmen bis heute in verschiedener Hinsicht prägt.

Personell lässt sich zunächst festhalten, dass die Gründer von Insiders Technologies um den heutigen Geschäftsführer und Koautor Werner Weiss aus dem DFKI stammen. **Werner Weiss** war als wissenschaftlicher Mitarbeiter in einer Reihe von Projekten für verschiedene Landes- und Bundesministerien sowie Industriepartner tätig und präsentierte im Jahr 1998 auch erste Geschäftslösungen auf der **CeBIT** (Centrum der Büro- und Informationstechnik) in Hannover.

Die **technologische Basis** der heutigen smart-Produkte von Insiders Technologies wurde bereits in den 1990er Jahren im Forschungsbereich Knowledge Management des DFKI unter der Leitung von Andreas Dengel gelegt. Die **innovativen Produkte und Lösungen**, die auf der CeBIT präsentiert wurden, zahlten sich unmittelbar aus. So wurde mit der R+V Versicherung der erste Kunde für Insiders Technologies gewonnen. Zusammenfassend lässt sich festhalten, dass Insiders Technologies nicht nur erstmals am Markt sichtbar wurde, sondern bereits früh mit technologisch führenden Produkten Maßstäbe im Markt setzte.

3.1.2 Die digitale DNA eines Innovationsführers

Die **Markteinführung von Innovationen** wurde in den folgenden Jahren konsequent fortgeführt. Insiders Technologies setzte mit jedem neuen Produkt technologische Maßstäbe für das Inputmanagement in Unternehmen. So galt beispielsweise das Produkt smart PKV von Beginn an als technologisch führend und Meilenstein in der Verarbeitung medizinischer Leistungsbelege. Das Produkt entstand in enger Kooperation mit Kunden und überzeugte nicht zuletzt dadurch sofort im Markt. Insiders Technologies wurde schnell zum Marktführer im Inputmanagement für Private Krankenversicherungen in Deutschland – eine Position, die bis heute konsequent ausgebaut wird. Zugleich prägte die damit einhergehende **Netzwerk- und Kundenorientierung** das Unternehmen Insiders Technologies nachhaltig. Auch bei der Rechnungsverarbeitung setzte Insiders Technologies sofort neue Maßstäbe. Das Produkt smart INVOICE setzt sich mit großem Abstand als technologisch bestes Produkt schnell in den verschiedensten Branchen durch. Unternehmen aus Handel, Industrie oder Energieversorgung profitieren von der innovativen Software aus Kaiserslautern.

Als **Wirtschaftsingenieur** brachte Werner Weiss durch sein Studium an der Technischen Universität Kaiserslautern ein ausgeprägtes Interesse an Problemlösungen und an dieser konsequenten Anwendungsorientierung mit sich, die das Unternehmen bis heute auszeichnen. So werden die Kunden in partnerschaftlicher Kooperation mit in die Entwicklung integriert, um so bestmöglich von den Produkt- und Dienstleistungsangeboten von Insiders Technologies zu profitieren. Eine an den Bedürfnissen der Kunden vorbei ausgerichtete Forschung und Entwicklung lässt sich nicht wiederfinden. Regelmäßige Anwendertreffen, Arbeitskreise und Produktgruppen bieten Raum für intensiven Erfahrungsaustausch. Im ständigen Dialog mit den Anwendern entstehen immer wieder neue Ideen. Plakativ ließe sich hier also formulieren, dass eine Strategie des ‚market pull', nicht des ‚market push' verfolgt wird. Letztlich lässt sich dies von der ersten Stunde bis heute festhalten: Der unmittelbare Kundennutzen steht konsequenterweise im Vordergrund, woraufhin innovative und anspruchsvolle technologische Lösungen gefunden werden. Neben dieser ausgeprägten Kundenzentrierung stehen parallel auch immer modernste Entwicklungsmethoden und eine interdisziplinäre Teamorientierung im Fokus.

Insiders Technologies kooperiert seit jeher **mit renommierten und führenden Forschungsinstituten**. So ist das Unternehmen nicht nur das erfolgreichste Spin-off des Deutschen Forschungszentrums für Künstliche Intelligenz, sondern setzt auf Kooperationen mit wissenschaftlichen Institutionen, wie etwa dem Fraunhofer Institut für Experimentelles Software Engineering (IESE) oder der Technischen Universität Kaiserslautern. Auf diese Weise vereinen sich Anforderungen der Kunden mit renommierten **Methodenkompetenzen**. So entsteht hochinnovative Software im Zusammenwirken von technologisch führenden Methoden mit aktuellen Marktanforderungen, so wird eine konsequente Verbindung zwischen Theorie und Praxis geschaffen.

Zugleich setzt Insiders Technologies auf **multidisziplinäre Teams**, in denen es vor allem auf Diversität ankommt. Mit diesen cross-organizational Teams aus unterschiedlichen Abteilungen stellt Insiders Technologies sicher, dass Prototypen, Bedürfnisse und Ergebnisse stets aus verschiedenen Perspektiven betrachtet werden. Aus diesen verschiedensten Kompetenzen entsteht die **Innovationskraft** des Unternehmens, von der am Ende der Kunde und schließlich auch dessen Endkunde profitieren. Ein angenehmer Nebeneffekt ist dieser: Mit der Interaktion zwischen den Abteilungen etabliert sich eine unternehmensweite **Innovationskultur**. Zugleich entsteht ein verbindender Teamspirit. Das Team gewinnt, wenn die Lösung erfolgreich ist, und sich zugleich jeder durch seine eingebrachten Ideen mit dem Ergebnis identifiziert.

Parallel hat Insiders Technologies aber auch schon früh erkannt, dass Innovativität noch mehr braucht als Kooperationen und Kunden. Seit jeher wird daher das Credo gelebt, dass Innovation **Raum** braucht, ‚Freiraum' im wahrsten Sinne des Wortes, in dem sie entstehen kann. So dominieren die auf offenen Austausch und Interaktion hin ausgelegten Räumlichkeiten, die Kreativität und Teamarbeit ermöglichen und fördern sollen. Mobile Einrichtungsgegenstände und Möbel oder verschiebbare Trennwände sorgen dafür, dass Arbeitsräume stets variabel gestaltet werden können, je nach Aufgabe und Teamgröße. Gerade diese **Open-Space-Raumkonzeptionen** werden von allen Teilen der Belegschaft geschätzt. Auch in den noch näher zu erläuternden Innovationsaktivitäten, wie etwa dem **Design Thinking**, spiegelt sich diese räumliche und mentale Offenheit letztlich wider.

In gleichem Atemzug sei auch eine **partizipative Haltung** angeführt. Dies lässt sich damit begründen, dass das Gründungsteam um Werner Weiss herum von Anfang an auf kooperatives Verhalten untereinander, aber auch mit Kunden oder Kooperationspartnern setzte. Dieses Mindset des Gründungsteams ist bis heute integraler Bestandteil der Unternehmenskultur sowie Basis für den respektvollen Umgang miteinander.

Diese Evidenzen verdeutlichen, dass drei wesentliche Aspekte die **DNA von Insiders Technologies** prägen, die sich heute unter dem Begriff **smart Innovation** zusammenfassen lassen: die bereits ins Feld geführte konsequente Kundenzentrierung, die intensive Forschungs- und Technologieausrichtung und die Innovationsorientierung. Deren Auswirkungen auf das Unternehmen in heutiger Form wollen wir im Folgenden näher nachgehen.

3.2 Insiders Technologies heute – dreifacher Katalysator für die digitale Transformation

Insiders Technologies ist mittlerweile ein etabliertes und sehr erfolgreiches mittelständisches Unternehmen, das auf einen Kundenstamm von derzeit rund 2.000 Unternehmen verweisen kann. Zudem sind die Kunden nicht nur in einer Branche angesiedelt. Es gibt kaum mehr eine Branche, die nicht bedient wird, und auch der Markt ist längst nicht mehr auf den deutschen oder deutschsprachigen Raum konzentriert. So ist Insiders Technologies heute längst auf dem Weg zum **Global Player**, betreut werden nationale und internationale Installationen auf allen Kontinenten.

Insiders Technologies ist hierbei in **dreierlei Hinsicht ein Hidden Champion der Digitalisierung**. Dies umfasst zunächst die innovative Hochtechnologie-Angebotspalette (3.2.1). Außerdem wird die digitale Transformation auch innerhalb von Insiders Technologies durch die Geschäftsführung vorgelebt und von der Belegschaft als Wertegerüst mitgetragen (3.2.2). Schließlich dient Insiders Technologies auch als Katalysator und Vorbildfunktion für die Kunden, indem durch die kundenfokussierte Kooperation immer wieder positive Wirkeffekte mit Blick auf die digitale Transformation erzeugt werden (4.4).

3.2.1 Ovation – innovative Hochtechnologie *Made in Kaiserslautern*

Erstens und am intuitivsten zugänglich lässt sich festhalten, dass Insiders Technologies Produkte und Dienstleistungen für das moderne **Omnikanal Input Management und Kundenkommunikation** anbietet, was dem neuesten Stand digitaler Technologien entspricht.

Im Zentrum steht dabei stets **OVATION, die künstliche Intelligenz** in allen Produkten von Insiders Technologies. KI wird bei Insiders Technologies seit jeher als Elixier begriffen, welches quasi die wichtigste ‚Zutat' für sämtliche Innovationen darstellt. Als Folge hiervon ist es wenig überraschend, dass KI ein zentraler Treiber der Technologie- und Wettbewerbsführerschaft von Insiders Technologies ist.

Produktseitig geht es zunächst immer um die Verarbeitung von Dokumenten über verschiedenste Eingangskanäle (vgl. nachstehende Darstellung) im sog. **Digital Mailroom**. Dabei ist es irrelevant, ob es sich um Papierpost oder Fax, um elektronische Kommunikation über E-Mail, SMS oder Social Media handelt. Ebenso irrelevant ist es, welche Dokumente bei einem Unternehmen eingehen – unstrukturierter Posteingang, Rechnungen, Bestellungen, medizinische Leistungsbelege, Anträge, Kündigungen, Beschwerden usw. Die Produkte von Insiders Technologies organisieren diesen gesamten Dokumenteneingang in den Unternehmen hocheffizient.

Zugleich stellen die Produkte anschließend eine medienadäquate Reaktion auf alle Anliegen der Kunden der Unternehmen sicher und sorgen für eine passgenaue Kommunikation mit den Kunden. Dieses **Response Management** lässt sich am besten mit den Erwartungen der Kunden zusammenfassen: „Mobil, einfach und schnell!" Denn so lautet heute die Antwort von Kunden auf die Frage, wie sie mit einem Unternehmen kommunizieren möchten. Unabhängig vom gewählten

Kommunikationskanal müssen Unternehmen daher heute so aufgestellt sein, wie ihr Kunde mit ihnen in Kontakt treten möchte. Denn der Kunde steht heute mehr denn je im Mittelpunkt. Er gibt den Takt vor, bestimmt damit den Inhalt und das Medium, aber vor allem die Geschwindigkeit der Kommunikation. **Im Zeitalter der digitalen Transformation wird der Kunde zum digitalen Kunden**.

Darst. 3.1: Das digitale Unternehmen – für den digitalen Kunden immer, überall und über alle Kanäle verfügbar.
Quelle: Insiders Technologies (2018).

Die innovativen Produkte von Insiders Technologies sorgen dafür, dass unterschiedliche, vor allem digitale Kommunikationskanäle für eine ganzheitliche Kundenkommunikation zusammengeführt werden. Hierfür werden **kundenzentrierte Innovationen** entwickelt, die direkt am Nutzungsverhalten und den Bedürfnissen der Endkunden ansetzen.

Folgende Darstellung verdeutlicht den gesamten Kontext einer modernen Kundenkommunikation: Der Kunde sendet über verschiedenste Kanäle Dokumente oder Nachrichten an ein Unternehmen. Im Digital Mailroom werden diese Informationen gleichsam organisiert, d. h. klassifiziert und relevante Daten extrahiert. Dann beginnt der Dialog mit dem Kunden: Das **Customer Service Center** erledigt über das Response Management die passende Antwort. Im Idealfall wird der Kunde im **Self Service** in diesen Prozess aktiv eingebunden. Der Kreis schließt sich mit einem abgeschlossenen Geschäftsvorfall.

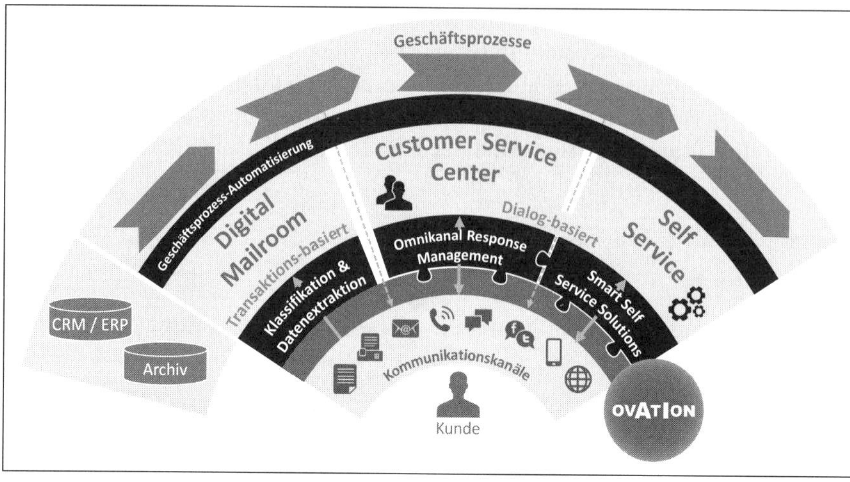

Darst. 3.2: Future Customer Communication.
Quelle: Insiders Technologies (2018).

Zur Veranschaulichung sei auf das **Beispiel Arztrechnungen** verwiesen. Anstatt zeitraubende und mit verschiedenen Unwägbarkeiten (z. B. Verlust oder verzögerte Zustellungen) versehene Postwege zu nutzen, wird die kundenseitige Nutzung und Eingabe von Informationen durch Smartphones oder Tablets ermöglicht. So kann der Endkunde einer Krankenversicherung mit einer App jederzeit bequem seine Arztrechnungen erfassen, in Echtzeit an seine Versicherung senden und den Status der Rechnungsverarbeitung sowie der Rückvergütung verfolgen. Aus Sicht der Versicherung wird der Geschäftsvorfall mit der Einreichung per App optimiert. Die Informationen aus den Dokumenten landen direkt beim zuständigen Sachbearbeiter, der den Geschäftsvorfall sofort erledigen kann. Die unkomplizierte Bearbeitung spart der Versicherung Kosten und Zeit, die Qualität erhöht sich. Am Ende steht der zufriedene Kunde, der unmittelbar seine Erstattung erhält.

Im zentralen Handlungsfeld der Kundenkommunikation bietet Insiders Technologies auch sog. **Chatbots** (vgl. nachstehende Darstellung) an, die sinnbildlich zukunfts- und richtungsweisende Entwicklungsschritte darstellen. Chatbots, kurz Bots, sind **Kommunikationssysteme**, die üblicherweise für den Einsatz mit Kunden konzipiert sind.

Dabei ist es unerheblich, ob der Kundenaustausch textbasiert oder sprachbasiert erfolgt. In jedem Fall stehen der Austausch mit Kunden und die Bearbeitung von dessen Anliegen im Mittelpunkt. Daher rührt auch der Name Chatbot, was sich mit ‚plaudernder Roboter' übersetzen lässt. Bemerkenswert ist in diesem Zusammenhang, dass die Kundenkommunikation mittels Chatbots heutzutage weit über banale Abfragen hinausgeht. Vielmehr geht es heute darum, den Kunden einen Service zu bieten, sein Anliegen unkompliziert und intuitiv, schnell und passgenau, vor allem aber selbst zu erledigen. Bei Versicherungen sind dies beispielweise Beitragsänderungen, Versicherungskarten, die ersetzt werden müssen, oder geänderte Bank- oder Adressdaten. Bei Energieversorgern geht es um Zählerstandsmeldungen, Änderungen von Abschlagszahlungen, Lieferummeldungen oder -abmeldungen.

In jedem Fall werden geeignete **Self Services** zu einem idealen Anwendungsfall der Kundenkommunikation und entscheidend für den Kundenservice eines Unternehmens.

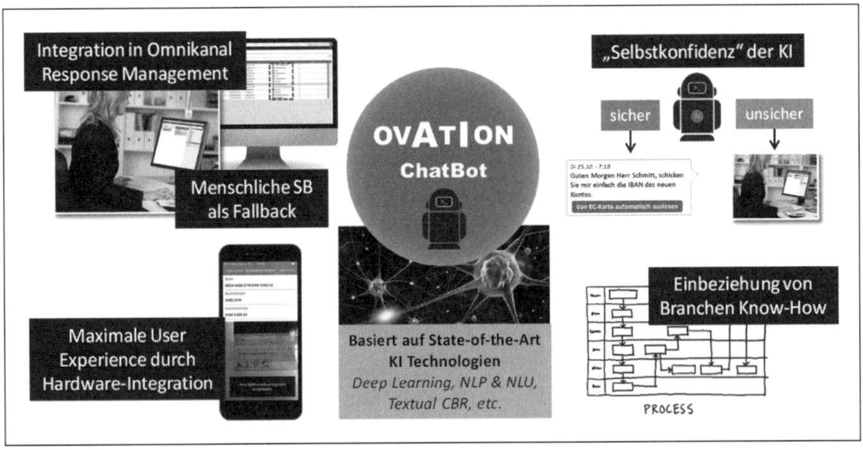

Darst. 3.3: Erfolgsfaktoren für Business Chatbots.
Quelle: Insiders Technologies (2018), adimas (2018) sowie ESB Professional (2018).

Die Produktpalette von Insiders Technologies ist jedoch breiter als das reine, moderne Omnikanal Input Management und die Kundenkommunikation. So werden die Produkte und Lösungen heute auch als Services in der **Cloud** angeboten. Lösungen für **Business Intelligence** runden das Angebotsportfolio ab. Sie ermöglichen es den Unternehmen, ihre Geschäftsprozesse ganzheitlich und in Echtzeit zu beobachten und bei Bedarf steuernd einzugreifen. So wird der Einsatz verfügbarer Ressourcen optimiert und eine kontinuierliche Einhaltung von Abteilungszielen und Service Level Agreements (SLAs) sichergestellt.

Als Beleg für die Innovationskraft des Unternehmens lassen sich regelmäßige Auszeichnungen für die angebotenen Produkte und Dienstleistungen sowie die Unternehmensführung selbst anführen. Als Beispiel hierfür sei die Auszeichnung als **‚TOP-Innovator des Jahres 2015'** und damit als **innovativstes Unternehmen des deutschen Mittelstands** in der Größenklasse 50-250 Mitarbeiter im Jahr 2015 genannt. Dieser Preis wird durch eine Jury aus Innovationsexperten und renommierten Persönlichkeiten aus Wirtschaft, Wissenschaft, Medien und Politik vergeben. Wissenschaftliche Leitung und Schirmherrschaft der Auszeichnung liegen beim weltweit populären Institut für Entrepreneurship und Innovation der Wirtschaftsuniversität Wien.

3.2.2 Practice as you preach – Insiders Technologies lebt die digitale Transformation

Die digitale Transformation als relevante Managementherausforderung zu erkennen, ist – trotz aller Schwierigkeiten, die mögliche Pfadabhängigkeiten bzw. ein Pfadmanagement mit sich bringen (vgl. 2.1.3) – vergleichsweise leicht möglich.

Tatsächlich den Wandel zu gestalten, ist weitaus schwieriger. Dass Insiders Technologies nicht nur Produkte und Dienstleistungen für die Herausforderungen der digitalen Transformation anbietet, sondern diesen Wandlungsprozess auch im eigenen Unternehmen fortwährend vorantreibt, ist wiederum nicht selbstverständlich. Hierauf soll im Folgenden eingegangen werden.

Darst. 3.4: Backfabrik im Herzen Berlins – Hot Spot für Kreativität und Start-Up-Szene. Quelle: diephotodesigner (2018).

Die Einrichtung eines **Berliner Büros** in der Backfabrik (vgl. voranstehende Darstellung) am Prenzlauer Berg im Sommer 2015 ist ein weiterer Meilenstein in der Unternehmensentwicklung von Insiders Technologies.

Ziel der Eröffnung der Berliner Dependance ist es, nah am innovativen Zentrum Berlin zu sein, das zunehmend die ‚Creative Class' (Florida 2002) anzieht und als einer der entwicklungsstärksten Standorte Europas, insbesondere mit Blick auf die Digitalisierung, gelten kann.

Von entsprechendem Reiz ist in diesem Zusammenhang auch die generell in Berlin florierende Start-up-Szene. Nebst Großkonzernen, die in Berlin meist ihre ‚Think Tanks' (z.B. Daimler) oder ‚Labs' (z.B. die Telekom) ansiedeln, entwickelt sich eine dynamische Start-up-Landschaft, die die gesamte Wirtschaft Berlins fördert.

Die **Backfabrik** liegt im Zentrum Berlins nahe des Alexanderplatzes und der Hacke'schen Höfe, einem der ‚Hot Spots' für Start-ups sowie die Kreativszene Berlins. Das **Gebäude** der Backfabrik selbst hat eine interessante Geschichte vorzuweisen. Im 19. Jahrhundert wurden in der Backfabrik dem Namen entsprechend Backwaren für Berliner Eckkneipen gefertigt. Nach dem zweiten Weltkrieg wurde der volkseigene Betrieb BAKO gegründet, der Backwaren für ganz Ost-Berlin herstellte. Nach der Wende wurde die Backfabrik in ein Kreativzentrum umgewandelt, in dem neben Insiders Technologies verschiedene Start-ups ansässig sind. Die Backfabrik wird daher als idealer Ort angesehen, um die Innovationskultur von Insiders Technologies zu realisieren. Hierdurch gelingt es Insiders Technologies, Inspirationen für innovative Technologien zu erhalten, Impulse der Kreativszene aufzunehmen und letztlich auch die Digital Natives als Mitarbeiter für Insiders Technologies zu gewinnen. Insofern verwundert es nicht, dass auch die Büroräumlichkeiten kreativ ausgestaltet sind, um so die Innovationskultur von Insiders Technologies erlebbar zu machen.

Schließlich sei noch auf einen weiteren Teil der besonderen Unternehmens- und Innovationskultur bei Insiders Technologies verwiesen: die **Förderung von Teamgeist** durch gemeinsame Aktivitäten. Dieser Aspekt geht weit über gängige Unternehmensfeiern hinaus und erfüllt eine duale Rolle. Einerseits steht die Förderung der Gemeinschaft im Vordergrund. Gemeinsame Sportaktivitäten, wie etwa Bouldern oder die Teilnahme an Mittel- und Langstreckenläufen mit Insiders Technologies Teams, gehören beispielweise hierzu.

Andererseits begreift Insiders Technologies sich aber auch als regional verankertes Unternehmen und beteiligt sich im Zuge der Förderung des Teamgeists auch immer wieder an **sozialen Projekten**, etwa ‚Mama/Papa hat Krebs' der Krebsgesellschaft Rheinland-Pfalz. Durch diese und ähnliche Projekte sollen alle Mitarbeiter ihre Arbeit und begleitende Aktivitäten auch als sinnstiftend begreifen. Diese und weitere Aspekte zur besonderen Rolle der Unternehmens- und Innovationskultur werden unter 4.3 vertiefend aufgegriffen.

Als ein weiteres Indiz für den Willen, nicht nur das eigene Unternehmen kontinuierlich zu ‚erneuern' und existierende Aktivitäten kritisch zu hinterfragen, lässt sich anführen, dass Werner Weiss mit dem **Westpfalz-Award 2017** ausgezeichnet wurde. Dieser Zukunftspreis ehrt jährlich eine Persönlichkeit, die sich in hervorragender Weise um die regionalen Belange der Westpfalz verdient gemacht hat. Dies gilt zweifelsohne für Weiss, der nicht nur an seine Kunden und das eigene Unternehmen denkt, sondern auch als Good Corporate Citizen verschiedene Initiativen und Projekte anstößt, um die Westpfalz wirtschaftlich, sozial und kulturell zu bereichern und voranzubringen.

4 Erfolgsfaktoren des Managements der digitalen Transformation aus Sicht eines Hidden Champions

Kompakt:

Nach der Lektüre dieses Kapitels sind Sie in der Lage, …

- … die zentralen Erfolgsfaktoren der digitalen Transformation am Beispiel von Insiders Technologies aus theoretischer und praktischer Perspektive zu erörtern, wobei hierzu …
- … das Phänomen der Selbstorganisation,
- … die Öffnung und der Umgang mit Unsicherheit,
- … die Arbeits- Organisations- und Kommunikationskultur bzw. -struktur von Insiders Technologies,
- … das Themenfeld organisationales Lernen und Wissensmanagement sowie
- … die kollaborative Wertschöpfung mit Kooperationspartnern zählt.

4.1 Selbstorganisation als zentraler Erfolgsfaktor

Selbstorganisation bildet das ‚Herzstück' der digitalen Transformation bei Insiders Technologies und wird durch vier weitere Erfolgsfaktoren komplettiert (vgl. nachstehende Darstellung). Die Selbstorganisation ist letztlich ein Wesensmerkmal, das die anderen noch zu erörternden Konturen der digitalen Transformation bei Insiders Technologies direkt oder indirekt beeinflusst, etwa auch die Innovationskultur.

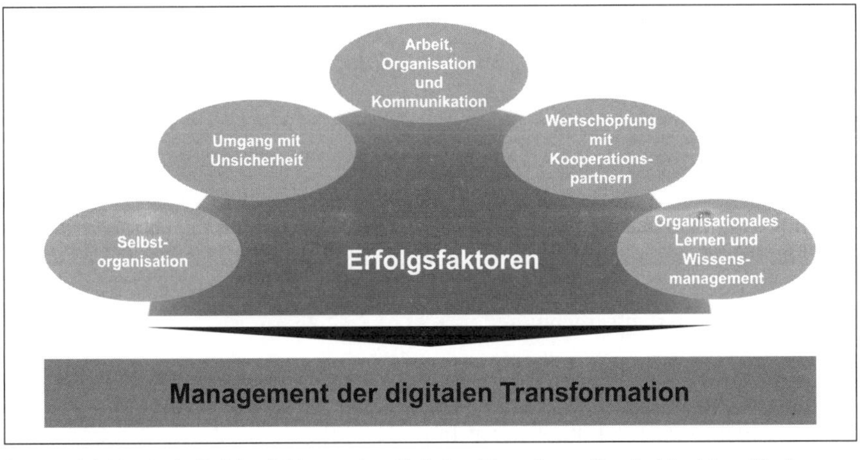

Darst. 4.1: Zentrale Erfolgsfaktoren der digitalen Transformation bei Insiders Technologies.

Aufgrund seiner hohen Relevanz wird das Phänomen der Selbstorganisation als erstes näher ausgeleuchtet.

Das Phänomen Selbstorganisation wird zunächst mit Bezug auf Insiders Technologies erläutert (4.1.1). Als paradigmatisches Beispiel für Selbstorganisation wird dabei Scrum als Methodik für ein agiles Management herangezogen. Anschließend erfolgt die wissenschaftliche Reflexion des Themenfeldes Selbstorganisation (4.1.2).

Bereits an dieser Stelle sei hervorgehoben, dass dem Selbstorganisationsansatz bei Insiders Technologies ein systemtheoretisches, durch Niklas Luhmann geprägtes Verständnis zugrunde liegt. Es handelt sich daher keineswegs um eine umgangssprachliche Verwendung des Begriffs. Vielmehr betrifft es eine tiefgreifende und theoretisch-konzeptionell fundierte Überzeugung und Reflexion der Unternehmensaktivitäten.

4.1.1 Selbstorganisation bei Insiders Technologies

Das Themenfeld Selbstorganisation hat im Bereich der Informationstechnologie einen hohen Stellenwert. Bei Insiders Technologies als Softwareunternehmen kommt dieser Aspekt daher sehr deutlich zum Tragen und wird demzufolge näher erläutert (4.1.1.1), um so ein Grundverständnis für dieses Phänomen zu erzeugen. Darauf aufbauend wird näher auf Scrum einzugehen sein (4.1.1.2), bevor eine Reflexion über die unterschiedlichen Beweggründe für den Einsatz agiler Managementmethoden bei Insiders Technologies erfolgt (4.1.1.3).

4.1.1.1 Agile Managementmethoden als Ausdruck der Selbstorganisationsfähigkeit bei Insiders Technologies

Grundsätzlich gilt es festzuhalten, dass bei Insiders Technologies den einzelnen Mitarbeitern größtmögliche **Freiräume zur Förderung von Innovationen** eingeräumt werden. Damit geht ein **Vertrauensvorschuss** des Managements den Mitarbeitern gegenüber einher.

Dies impliziert ein **Menschen- und Wertebild**, das ein intrinsisch motiviertes Arbeiten unterstellt. Das Management muss daher lediglich die Rahmenbedingungen schaffen und entsprechende Werte vorleben, damit sich die Mitarbeiter möglichst frei entfalten können. Rein extrinsische Motivationsfaktoren, wie etwa ausschließlich finanzielle Anreize, sind mit diesem Menschen- und Wertebild nicht vereinbar. Mit einer solchen Grundhaltung gehen auch eine Reihe von personalpolitischen Maßnahmen einher, die in Kapitel 4.3 näher erläutert werden, etwa eine **flexible Arbeitszeitgestaltung** bzw. die Möglichkeit, am **heimischen Arbeitsplatz** (‚Home Office') zu arbeiten, und das immer in Verbindung mit einer konsequenten Orientierung an Arbeitsergebnissen.

Auch wird bei Insiders Technologies Wert darauf gelegt, **interdisziplinäre Teamstrukturen** zu nutzen. Motivation hierfür ist die Annahme, dass interdisziplinäre Sichtweisen zu innovativen Impulsen führen, die durch klassische hierarchisch-funktionale (Team-)Strukturen selten erreicht werden können. Niedrigschwellige Feedback- und Kontrollmöglichkeiten innerhalb von Teams ersetzen dabei klassische Fremdkontrollmechanismen, was die Motivation der Teammitglieder und den Teamgeist erhöht.

Darst. 4.2: Selbstorganisierende Teamarbeit.
Quelle: Insiders Technologies (2018).

Um das Prinzip der Selbstorganisation in der alltäglichen Arbeit umzusetzen, eignet sich insbesondere der Ansatz des ‚agilen Managements' (Vázquez-Bustelo et al. 2007). Das **Repertoire an agilen Managementmethoden**, die bei Insiders Technologies zum Einsatz kommen, ist vielfältig. Ausgewählte Methoden umfassen:

- **Scrum** ist die wohl bekannteste agile Managementmethode, auf die im Anschluss noch näher einzugehen ist. Im Kern stellt Scrum eine Methode dar, wie Software in dezentral koordinierten Teams mittels kurzer Zyklen entwickelt werden kann. Hierin besteht ein deutlicher Unterschied zum Wasserfallvorgehen, welches als hierarchisch und langfristig charakterisiert werden kann.
- **Extreme Programming (XP)** stellt eine weitere agile Methode dar, die ähnlich wie im Fall von Scrum auf kurze Entwicklungszyklen und den offen-konstruktiven Meinungsaustausch zwischen Teammitgliedern abstellt. Im Gegensatz zu Scrum sind bei XP jedoch weniger Vorgaben vonnöten, etwa mit Blick auf das Setzen von Rahmenbedingungen, z.B. Vorgaben bzgl. der einzelnen Arbeitsintervalle.
- Unter **Pair Programming** (vgl. hierzu auch 4.5) ist eine Programmiermethodik sowie die damit einhergehende Organisationsform zu verstehen, bei der die Software-Entwicklung durch zwei Personen erfolgt. Während eine Person vornehmlich den Quellcode entwickelt, ist die andere Person in erster Linie mit der Reflexion und Kontrolle dieses Erstellungsprozesses betraut. Dies führt dazu, dass einerseits eine kontinuierliche Reflexionsfläche geschaffen wird, andererseits das Wissen bezüglich der Entwicklung der Software auf mindestens zwei Personen verteilt wird.

Indem auch die Personen, die die Zweierteams bilden, turnusmäßig wechseln, kann so wertvolles Wissen weitergegeben werden. Beispielsweise ermöglicht es Insiders Technologies, auch bei unvorhergesehenen Ereignissen (z. B. Krankheit) die Weiterentwicklung der Software durch die jeweils andere Person voranzutreiben.

- **Design Thinking** (vgl. hierzu auch die ausführliche Darstellung zur Unternehmens- und Innovationskultur in 4.3.3): Mit Blick auf das Design Thinking als Methodik gilt es zunächst Folgendes festzuhalten: Die lineare Vorstellung eines ausschließlich an intraorganisationalen Ideen orientierten Phasenmodells des Innovationsprozesses wird zunehmend von Studien im Bereich des Technologie- und Innovationsmanagements sowie aus der Kreativitätsforschung kritisiert. Innovationen werden also im Einklang mit den Vorstellungen des agilen Managements keinesfalls langfristig unter ausschließlicher Berücksichtigung organisationsinterner Abläufe geplant. Vielmehr werden in iterativen, kurzen Phasen neue Lösungen kollaborativ mit Externen (z. B. Kunden) entwickelt.

  Die damit einhergehende Konzentration auf den Kunden bzw. Nutzer sowie die Zielsetzung, bewusst radikale Lösungen anzustreben, steht im Einklang mit anderen agilen Managementansätzen.

4.1.1.2 Scrum @ Insiders Technologies

Der Scrum-Ansatz ist eine weitverbreitete Methodik (‚Tool'), um Projekte, etwa die Entwicklung von Software, abzuwickeln (hier und im Folgenden grundlegend Schwaber und Beedle 2002). Der Begriff *Scrum* stammt dabei aus dem Englischen und bedeutet so viel wie Gedränge. Der Begriff wurde der Sportart Rugby entlehnt und beschreibt dort kurze Intervalle und damit im Zusammenhang stehende Neuanfänge des Spielablaufs.

Interessant ist in diesem Zusammenhang, dass Grundideen von Scrum auf Ansätzen von Nonaka und Takeuchi (1997) basieren. Die japanischen Autoren hatten in den 1990er Jahren prominente Gedanken dazu entwickelt, wie Wissen in Organisationen geteilt werden kann. Folgt man Nonaka und Takeuchi, so sind Produktentwicklungsteams vor allem in jenen Fällen erfolgreich, in denen die Teams sich selbst organisieren. Genau dieser Ansatz wird bei Insiders Technologies in der Software-Entwicklung verfolgt.

Ziel des Einsatzes von Scrum ist es dabei, die Software möglichst **kundenzentriert, qualitativ hochwertig und betriebswirtschaftlich attraktiv** zu entwickeln. Bei Insiders Technologies ist Scrum jedoch nicht ‚nur' eine Art und Weise, Software zu entwickeln. Vielmehr stellt Scrum auch einen Managementansatz dar, mit dem in kleineren Schritten Aufgaben kontinuierlich überwacht und vorangetrieben werden.

Scrum kann daher bei Insiders Technologies als **selbstorganisatorischer Rahmen der Software-Entwicklung** betrachtet werden. Denn das Scrum-Vorgehen eröffnet geistig-kreative Freiräume für sich selbst organisierende Entwicklerteams und fördert die Teamkommunikation sowie den Austausch mit den Kunden.

Grundsätzlich lässt sich zudem festhalten, dass Scrum – ähnlich wie andere agile Managementmethoden – an zu beobachtenden Anomalien im Organisationsalltag ansetzt. Im Wesentlichen soll durch Scrum den folgenden **fünf Anomalien vorgebeugt** werden:

- **Ergebnisse nicht beachten**: Diese Anomalie lässt sich darauf zurückführen, dass oftmals auf Individualleistungen isoliert abgestellt wird. Teamergebnisse stehen demgegenüber seltener im Vordergrund.

  Dieser Sachverhalt lässt sich beispielsweise mit Blick auf die Entgeltgestaltung in vielen Unternehmen illustrieren. So sind die meisten Vergütungssysteme in erster Linie an Individualleistungen geknüpft.
- **Scheu vor Verantwortungsübernahme**: Vielfach ist überdies zu beobachten, dass eine ‚organisierte Verantwortungslosigkeit' (Beck 1988) vorherrscht. Es besteht – anders formuliert – eine regelrechte Scheu davor, Verantwortung im Unternehmen zu übernehmen.

  Dies hat zur Folge, dass bei unklaren Verantwortlichkeiten vielfach (Projekt-)Fristen und Meilensteine verpasst werden. Allerdings soll an dieser Stelle vor übertriebenem Ehrgeiz mit Blick auf die Ausdifferenzierung von Rollen und Verantwortlichkeiten gewarnt werden. Oftmals hat dies wiederum gerade zur Folge, dass bei – unweigerlich existierenden – Regelungslücken niemand entsprechende Aufgaben und die damit verbundene Verantwortung übernimmt. Außerdem würde man durch eine allzu detaillierte Rollendifferenzierung wieder einige Vorteile der Selbstorganisation verlieren.
- **Fehlende Einsatzbereitschaft**: Fehlende Klarheit mit Blick auf die konkreten Ziele und den Weg zur Zielerreichung demotiviert Mitarbeiter oftmals. Eine vielfach zu beobachtende Vermeidungshaltung sowie ein Indiz für fehlende Einsatzbereitschaft ist überdies übertriebene Akribie. Indem belanglosen Aufgaben in Perfektion nachgegangen wird, wird so von der eigentlichen Arbeit abgelenkt oder ein Ausweg gefunden, um sich den tatsächlich relevanten Sachverhalten, wie etwa der konsequenten Ausrichtung an Kundenwünschen, nicht zu widmen.
- **Angst vor Konflikten**: Eine weitere Anomalie besteht in der Angst vor Konflikten. Eine daraus resultierende Vermeidung von Konflikten kann jedoch dazu führen, dass die umschifften Konflikte dann in letzter Konsequenz umso schärfer zu einem späteren Zeitpunkt ausgetragen werden müssen.
- **Mangelndes Vertrauen**: Durch mangelndes Vertrauen kommt es zum Verbergen von Schwächen gegenüber anderen Teammitgliedern. Indem Mitarbeiter stets darum bemüht sind, fehlerfrei zu wirken und sich selbst keine Fehler eingestehen, tragen sie wenig zu einem ‚produktiven Miteinander' bei, weil nur durch die klare Kommunikation von Wissenslücken diese durch andere Teammitglieder auch geschlossen werden können. Dies ist nicht zuletzt ein zentrales Anliegen von Teamarbeit.

  Ähnlich verhält es sich mit Blick auf das Erfragen von Hilfe bei Kollegen. Aufgrund des fehlenden Vertrauens oder gar Misstrauens traut sich so manche Person nicht, Hilfe zu erbitten, um nicht in einem schlechten Licht dazustehen.

Die Art und Weise, wie der Scrum-Ansatz bei Insiders Technologies gelebt wird, setzt genau an diesen Anomalien an. Konkret wird im Folgenden aufgezeigt, wie im Sinne des Scrum-Ansatzes **Anomalien durch Scrum beseitigt** werden können:

- **Fokussierung**: Indem teamorientierte Ziele vorgegeben werden und damit gewissermaßen eine Abkehr oder Verringerung von individuellen Zielen einhergeht, soll eine Fokussierung auf eine gemeinsame Zielerreichung ermöglicht werden.
  Teamorientierung stellt wie angedeutet ein zentrales Wesensmerkmal der Selbstorganisation bei Insiders Technologies dar. Der Vollständigkeit halber sei erwähnt, dass auch die anderen agilen Managementmethoden (z. B. Pair Programming oder Design Thinking), die bei Insiders Technologies zum Einsatz kommen, diesen Gedanken aufgreifen.
- **Offenheit/Aufgeschlossenheit**: Dieser Aspekt stellt darauf ab, dass eine grundsätzliche Offenheit im Team vorherrscht, auch füreinander einzustehen und miteinander Aktivitäten gemeinsam voranzutreiben. Dies hat als positiven Wirkeffekt zur Folge, dass auch Teammitglieder sich gegenseitig im positiven Sinne zur Rechenschaft ziehen können.
- **Leistungsbereitschaft**: Eine erhöhte Leistungsbereitschaft ist unabdingbar für Scrum-Prozesse. Durch ein wechselseitiges, reflexives Monitoring wird sichergestellt, dass das gesamte Team leistungsfähig zusammenarbeitet.
- **Mut zu konstruktiv-kritischer Kritik aufbringen**: Wie mit Blick auf die Offenheit und Aufgeschlossenheit bereits in Anschlag gebracht, ist es ebenfalls zielführend aus Sicht der Scrum-Methodik, einander im Team zur Rechenschaft zu ziehen.
- **Respekt entgegenbringen**: Des Weiteren zollen die Teammitglieder sich wechselseitig Respekt. Dies geht mit einem Abbau von Misstrauen oder Aufbau von Vertrauen einher.

Darst. 4.3: Scrum-Team-Zusammensetzung.
Quelle: Darstellung unter Rekurs auf Schwaber und Sutherland (2017) sowie Scrum Inc. (2018).

Überdies sind bei Scrum insgesamt drei wesentliche Rollen festgehalten (vgl. voranstehende Darstellung): Die des Produkteigners, die des Scrum-Teams (bestehend aus Entwicklern und Testern) sowie die des Scrum-Masters. Im Folgenden wollen wir die Rollen näher betrachten:

- **Produkteigner**: Der Produkteigner ist der ‚Eigentümer' des gesamten Scrum-Anliegens. Der Produkteigner verfügt über eine Vision und einen konzeptionellen Gesamtüberblick über das Anliegen.
  Sein Ziel ist es, das Team bestmöglich zu befähigen (Empowerment) und mit den notwendigen Ressourcen auszustatten. Dem Produkteigner unterliegt somit auch die Budgetierung. Gewissermaßen ist er jedoch auch gefordert, das dem Scrum-Prozess bzw. Scrum-Anliegen zugrundeliegende Geschäftsmodell zu managen und dabei Ausgaben und Einnahmen bzw. die Budgetierung im Auge zu behalten.
  Außerdem ist er dazu angehalten, die Zusammenarbeit zu regeln und für ein produktives, angenehmes und professionelles Miteinander zu sorgen. Hierzu zählen beispielsweise Rückmeldungen zum Fortschritt des Projekts/Anliegens.
- **Entwickler und Tester (Scrum-Team)**: Das Team besteht im Wesentlichen aus Entwicklern und Testern, die sich mit dem zu entwickelnden Produkt oder der zu entwerfenden Dienstleistung aktiv auseinandersetzen.
- **Scrum-Master**: Der Scrum-Master ist dafür verantwortlich, dass der Scrum-Prozess möglichst reibungslos abläuft. Hierzu zählen sowohl organisatorische als auch personalmanagementbezogene Aspekte. Letztlich ist der Scrum-Master somit für die Rahmenbedingungen der (Selbst-)Organisation verantwortlich. Hierunter fällt auch das Etablieren und Aufrechterhalten einer Scrum-‚Kultur'.

Zu den **organisatorischen Aspekten** zählen dabei in erster Linie die folgenden Aufgaben und Themen:

- Überwachung der Einhaltung der Scrum-Regeln,
- Leitung und Durchführung von Sitzungen,
- Ausrichtung von Teambuilding-Veranstaltungen, die den sozialen Zusammenhalt fördern,
- Festlegung, wann Aktivitäten erfolgreich abgearbeitet sind,
- Ermöglichung von Reflexionsflächen, beispielsweise einem Erfahrungsaustausch im Rahmen des Scrum-Prozesses, um so Verbesserungen anzustrengen,
- Schaffung von Voraussetzungen für eine bestmögliche Selbstorganisation des Teams,
- Monitoring und Tracking des Fortschritts durch Burn-down-Charts und Statusboards,
- Management-Reporting, sprich: Die Kommunikation gegenüber dem Produkteigner und weiteren relevanten Anspruchsgruppen,
- Abschirmfunktion gegenüber Externen, um so eine Atmosphäre zu schaffen, die es den Teammitgliedern ermöglicht, sich bestmöglich dem Scrum-Anliegen zu widmen.

Bei den **personalmanagementbezogenen Aspekten** sind wiederum folgende Aufgaben und Themen zu beachten:

- Sicherstellung persönlicher Kommunikation mit den Teammitgliedern und zwischen den Teammitgliedern und auch mit Blick auf Kundenteams,
- Schaffen von Transparenz sowie Offenheit zwischen den Teammitgliedern,
- Wertschätzung hervorragender Arbeit,
- Feiern von Erfolgen, beispielsweise dem Erreichen von Zwischenergebnissen,

- Vermittlung bei Konflikten und damit verbunden die Herbeiführung von Lösungen,
- Erzeugen eines Klimas, das für Veränderungen sensibel ist und dieses im Idealfall willkommen heißt.

Wir wollen nun eine nähere Betrachtung des Scrum-Prozesses vornehmen, indem wir dessen einzelne Teilphasen ausleuchten. Zunächst gilt es festzuhalten, dass der Produkteigner, wie angedeutet, die zentralen Merkmale des Produkts mittels des sog. Product-Backlogs im Auge behält.

Das Team entscheidet nunmehr in Abstimmung mit dem Scrum-Master und dem Produkteigner, welche Aktivitäten innerhalb des anstehenden Zeitraums von ein bis vier Wochen geleistet werden sollen. Diese kurzen Zyklen – ein bis vier Wochen anstatt mehrerer Monate oder gar Jahre – sind die sog. **Sprints**.

Im Rahmen eines Sprints hat das Team ein **Sprint-Backlog** abzuarbeiten, also eine Liste an Aufgaben, die innerhalb der nächsten ein bis vier Wochen zu bewältigen sind. Hierzu werden das Enddatum des Sprints, das konkrete Ziel sowie die Teamzusammensetzung definiert, die als unabänderlich gelten. Abgesehen von diesem fixen Rahmen werden jedoch innerhalb des Sprints möglichst iterativ, kunden- und interaktionsorientiert im Sinne des agilen Managements Änderungen vorgenommen.

Nachstehende Darstellung illustriert den idealisierten Ablauf eines Scrum-Sprints. Hier steht also das Abarbeiten des Sprint-Backlogs durch alle Beteiligten im Vor-

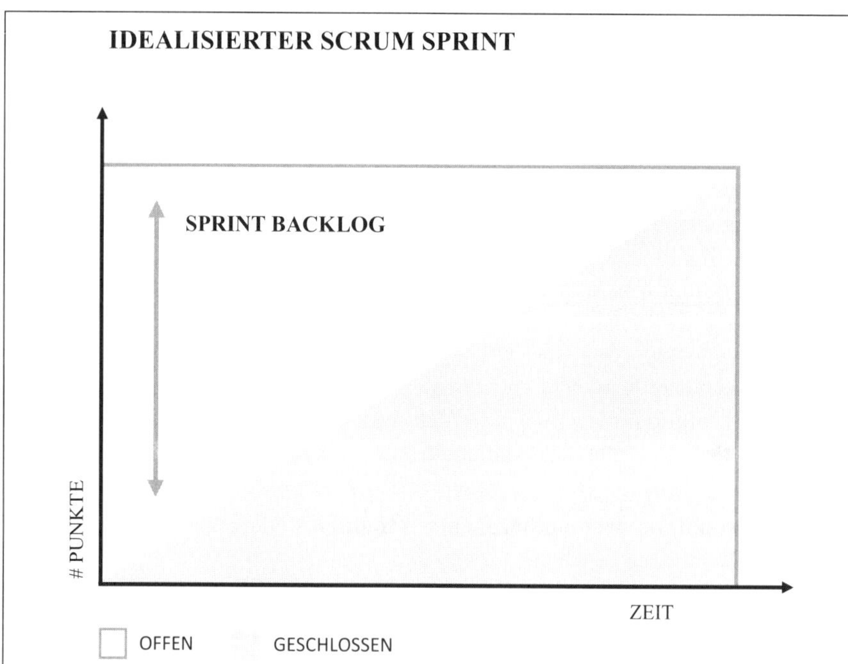

Darst. 4.4: Idealisierter Scrum-Sprint-Prozess.
Quelle: Insiders Technologies (2018).

dergrund, wobei das gesamte Team für die Überwachung des Scrum-Prozesses verantwortlich ist.

Als Hilfsmittel für den Sprint stehen vor allem tägliche kurze Sitzungen (Scrum-Meetings) und regelmäßige Überprüfungen durch Scrum-Taskboards zur Verfügung.

Die **täglichen Scrum-Meetings** sind kurze Sitzungen, üblicherweise zu Tagesbeginn, bei denen Ziele für den Tag oder aber selbst auch niedrigschwellige ‚Störgefühle' mit Blick auf die Produktentwicklung (z. B. ‚Ich habe das Gefühl, dass die Software noch ein wenig mehr leisten könnte') offen geäußert werden. Indem dies täglich geschieht, können so niedrigschwellig wie möglich Änderungen am Scrum-Prozess oder am Product-Backlog vorgenommen werden.

Ein **Scrum-Taskboard**, wie es nachstehender Darstellung zu entnehmen ist, wird demgegenüber genutzt, um einen permanenten Überblick über den Scrum-Prozess zu ermöglichen. Wichtig ist dabei vor allem die visuelle Aufbereitung, um im wahrsten Sinne des Wortes den Prozess zu veranschaulichen.

Das Priorisieren von Aufgaben mittels unterschiedlicher Farbgebungen ist dabei fester Bestandteil der Methodik. Vielfach werden hierfür Ampelfarben genutzt (Rot für einen rückständigen oder dringlichen Aspekt, Gelb für gefährdete Zwischenstände und Grün für einen erledigten oder plangemäßen Ablauf des Scrum-Prozesses). Allerdings sind auch alternative Farbgebungen denkbar, wie es in der voranstehenden Darstellung präsentiert wird.

Darst. 4.5: Scrum-Taskboard.
Quelle: Insiders Technologies (2018).

4.1.1.3 Beweggründe für den Einsatz agiler Managementmethoden bei Insiders Technologies

Die bisherigen Ausführungen haben im Wesentlichen ein positives Licht auf ein agiles Management und die damit verbundenen Inhalte sowie Methoden bei Insiders Technologies geworfen. Zusammenfassend sind folgende **Vorteile eines agilen Managements** festzuhalten:

- Die managementbezogenen Grundgedanken eines agilen Managements sind leicht verständlich zu kommunizieren und somit auch in der Regel leicht im Organisationsalltag einsetzbar.
- Eine partnerschaftliche Kooperation mit kurzen Kommunikationswegen gegenüber den Kunden wird unterstützt.
- Das agile Management zeichnet sich durch ein hohes Maß an Transparenz und Flexibilität aus, wodurch Anpassungen leicht umsetzbar sind.
- Das Konzept setzt auf Selbstorganisation, was üblicherweise eng mit einer hohen Motivation seitens der Teilnehmenden einhergeht.
- Es wird zu kontinuierlichen Verbesserungsprozessen angeregt.
- Den Teammitgliedern wird Wertschätzung und Vertrauen entgegengebracht.

Trotz der positiven Eigenschaften wollen wir folgende **Grenzen von Scrum aus Sicht von Insiders Technologies** nicht außer Acht lassen:

- Es ist gelegentlich fraglich, inwiefern ein agiles Management vollumfänglich eingesetzt werden kann. Insiders Technologies lebt die Idee der Selbstorganisation, der Kundenorientierung und der Innovationsorientierung. Allerdings ist nicht die gesamte Organisation auf Scrum-Basis (selbst-)organisiert.

  Die vollständige Auflösung von Hierarchien dürfte eher kontraproduktiv sein und die positiv wahrgenommenen Erfolgsfaktoren von Insiders Technologies verwischen. Denn so würden erhöhte Koordinationskosten entstehen, indem Aufgaben immer wieder völlig neu zu bewältigen wären, organisationales Lernen würde erschwert werden und Redundanzen entstehen (beispielsweise indem zwei oder mehr Teams per Zufall aufgrund fehlender Abstimmungsmechanismen identische Aufgabenteile bearbeiten).
- Die Ansätze des agilen Managements liefern eher prinzipielle Leitlinien, aber wenige konkrete Handlungsansätze. Jede Organisation muss – wie auch Insiders Technologies – die konkrete Ausgestaltung für sich vornehmen. Insofern bleiben die Anregungen per se recht abstrakt und es ermangelt den grundlegenden Prinzipien an unmittelbaren Anwendungsmöglichkeiten bei Insiders Technologies.
- Die Mitarbeiterschaft bringt vermutlich nicht immer und ebenfalls nicht vollumfänglich die Bereitschaft zum agilen Management mit. So kann ein Empowerment auch Verunsicherung aufgrund fehlender Stellenzuschreibungen und Weisungsbefugnisse hervorrufen. Bei Insiders Technologies wird dieser Gefahr, u. a. bedingt durch das stetige Wachstum mit mittlerweile rund 150 Mitarbeitern (Stand 2018), durch das konsequente Vorleben der Selbstorganisation und der Innovationskultur vorgebeugt. Allerdings stellt dies immer wieder aufs Neue eine Herausforderung dar.

Als **Zwischenfazit** bleibt Folgendes festzuhalten: Als mittelständischer Hidden Champion hat Insiders Technologies den Vorteil, selbstorganisiert agieren zu können. Wie noch zu zeigen sein wird, tragen die anderen Konturen, wie etwa die Innovationskultur, nachhaltig dazu bei, dass Scrum als Teil des agilen Managements konsequent erlebbar gemacht wird.

Allerdings bleibt kritisch und als Überleitung zur theoretisch-konzeptionellen Reflexion festzuhalten, dass die Einführung agiler Managementmethoden in etablierten, eher traditionellen Konzernstrukturen vermutlich Konflikte mit sich bringen dürfte. Denn ein geradezu klassisches Konfliktpotenzial besteht zwischen den etablierten Organisationsmitgliedern und neueren Organisationsmitgliedern bzw. anders formuliert zwischen etablierten Produkten bzw. Produktlinien und neu zu erschließenden Märkten.

Was genau ist damit gemeint? Denken Sie beispielsweise an den Automobilhersteller Daimler, der aus heutiger Sicht den Großteil seiner Erträge aus dem klassischen Automobilgeschäft erzielt (Personenkraftwagen- und Lastkraftwagengeschäft mit unterschiedlichen Kundengruppen, etwa End- und Geschäftskunden). Mitarbeiter dieser Geschäftsfelder tragen nicht nur die ‚Herkunft' oder das Erbe (‚Heritage') voller Stolz im Arbeitsalltag bei sich. Vielmehr liegt es nahe, dass diese Teile der Belegschaft vor allem jüngeren Mitarbeitern im Bereich der Digitalisierung Vorwürfe machen, dass sie lediglich in abstruse Technologiefelder investierten und dafür viele – nicht zuletzt monetäre – Ressourcen benötigen.

Umgekehrt besteht ebenfalls ein Spannungspotenzial. So werden diejenigen Mitarbeiter, die sich Zukunftstechnologien annehmen, eher argumentieren, dass sie die Zukunftsfähigkeit des Daimler-Konzerns sichern und die tradierte Belegschaft möglicherweise veralteten Technologien anhänge, deren Überlebensfähigkeit höchst fragwürdig sei.

Immer wieder können Sie in der aktuellen Tagespresse Informationen zu dem grundlegenden hier skizzierten Konflikt zumindest zwischen den Zeilen herauslesen (vgl. exemplarisch die Ausführungen zu den Ambitionen des Vorstandsvorsitzenden Dieter Zetsche von Daimler: Handelsblatt 2016).

Angesichts dieser Überlegungen und Abwägungen stellt sich die Frage, wie agil ein agiles Management eigentlich sein kann. Aus Sicht der Verfasser ist es beispielsweise fraglich, ob das Konzept des agilen Managements wirklich mit letzter Konsequenz vollumfänglich umgesetzt werden kann. Denn durch das Erzeugen von mehr Flexibilität und Adaptionsfähigkeit – wie wünschenswert dies auch immer im konkreten Fall sein mag – geht auch Stabilität verloren.

Egal, wie die Antwort ausfallen mag, in jedem Fall scheint es ratsam, sich mit diesem aktuellen und sehr relevanten Managementthema in Forschung und Praxis weiter zu beschäftigen. Die beschriebene Umsetzung bei Insiders Technologies kann hier als Ausgangspunkt einer Interpretation und Reflexion über eine praxiserprobte Umsetzung herangezogen werden.

4.1.2 Wissenschaftliche Interpretation und Reflexion

Selbstorganisation stellt ein prominentes und gleichsam etabliertes Thema in der Forschung dar. Zu denken wäre hier etwa an Überlegungen im Bereich der auch auf Organisationen bezogenen Systemtheorie von Luhmann (2018), der Netzwerkmanagementforschung zu heterarchischen Netzwerken (Müller-Seitz 2012; Müller-Seitz und Sydow 2012), der Philosophie (Zwierlein 1994) oder den Vorläufern agiler Managementkonzeptionen. Bevor wir näher auf einzelne Facetten des agilen Managements eingehen, sollen kurz die systemtheoretischen Grundlagen ausgeführt werden.

Bei Insiders Technologies wird Selbstorganisation nicht als alltägliche Formulierung ge- bzw. missbraucht. Selbstorganisation zielt daher nicht nur auf kleinere Frei- und Spielräume der Mitarbeiter ab, die sodann umgangssprachlich als selbstorganisierend tituliert werden und der Selbstvermarktung dienen. Es handelt sich dabei vielmehr um eine Überzeugung des Unternehmensgründers Werner Weiss, wie Organisationen erfolgreich agieren können – und dies auf theoretisch fundierter Basis der Luhmann'schen Systemtheorie.

Organisationen, wie etwa Insiders Technologies, werden als komplexe Systeme begriffen, die es angemessen zu steuern gilt. Dies stellt insofern eine Herausforderung dar, als gerade nicht versucht werden sollte, die Organisationsumwelt bestmöglich in all ihrer Komplexität organisationsintern abzubilden. Ein solches, kontingenztheoretisches Gedankengut ist kaum hilfreich (s. exemplarisch: Lawrence und Lorsch 1967), um Organisationen angemessen zu steuern. Grund für diese Annahme ist, dass einerseits die Organisationsumwelt komplexer als die Organisation selbst ist. Andererseits würde ein kontinuierliches Streben nach korrespondierender Komplexität der eigenen Organisation – zumindest in der Unternehmenspraxis – zum Zusammenbruch führen; die Organisation würde ‚übersteuert' werden.

Aufbauend auf den Arbeiten der beiden Biologen Maturana und Varela (1982) konzipiert Luhmann (2018) seine Systemtheorie und konzentriert sich u. a. auf das Konzept der Autopoiesis. Hierunter versteht er sich selbst erschaffende bzw. sich selbst reproduzierende Systeme, zu denen er auch Organisationen zählt. Denn im Gegensatz zu Gegenständen – die Luhmanns Prämisse nach nicht miteinander kommunizieren können, wenngleich sich hier mit Blick auf die Digitalisierung neue Fragestellungen ergeben, die Luhmann nicht antizipieren konnte – kann durch Kommunikation das System einer Organisation aufrechterhalten werden. Im Rahmen der Selbstorganisation besteht bzw. entsteht aus Managementperspektive auch die Möglichkeit der emergenten Selbstorganisation. Dies ist insofern von zentraler Bedeutung, als hierdurch deutlich wird, warum gerade agile Managementansätze (z. B. Scrum) im Unternehmensalltag von Insiders Technologies eine wichtige Rolle spielen.

Welche weiteren theoretisch-konzeptionellen Bezüge auf Basis der empirischen Evidenzen bei Insiders Technologies lassen sich nunmehr festhalten? Nachstehend folgt zunächst eine Erläuterung der Hintergründe des agilen Managements (4.1.2.1). Als zentraler Vorläufer lässt sich dabei die Entwicklung von Open-Source-Software begreifen (4.1.2.2). Daraufhin werden das sog. agile Manifest (4.1.2.3) und die zentralen Dimensionen eines agilen Managements (4.1.2.4) erläutert sowie eine Abgrenzung zu verwandten Phänomenen der Managementpraxis und -forschung vorgenommen (4.1.2.5).

4.1.2.1 Hintergründe zum Einsatz agiler Managementmethoden

Im Folgenden wollen wir uns im Detail mit der Herkunft agiler Managementkonzepte auseinandersetzen, um ein besseres Verständnis für den Einsatz dieser Konzepte bei Insiders Technologies zu entwickeln.

Grundsätzlich lassen sich je nach Disziplin unterschiedliche Vorläufer identifizieren. Bevor wir näher auf zwei zentrale Bezugspunkte eingehen, wollen wir kurz noch ältere Ansätze erwähnen, die u. a. auch die Namensgebung mit beeinflusst haben:

- **Talcott Parsons' (1951) AGIL-Schema**: Adaptation, Goal Attainment, Integration, Latent Pattern Maintenance. Mit diesen Begriffen legte der Soziologe Parsons zumindest indirekt bzw. sprachlich den Grundstein für heutige Konzepte zum agilen Management. Im Kern präsentierte er ein systemtheoretisches Konzept und propagierte, dass jedes System zum Fortbestehen die vier Funktionen der Adaptation (Anpassung), Goal Attainment (Zielverfolgung), Integration (Eingliederung) und Latent Pattern Maintenance (Aufrechterhaltung) zu gewährleisten habe.
- **Studie von Brown und Agnew (1982)**: Dieser Beitrag stellte erstmals aus betriebswirtschaftlicher bzw. managementorientierter Warte auf den Begriff des agilen Managements ab. Zentrale Elemente eines agilen Managements werden dabei bereits aufgegriffen, etwa Flexibilität oder der Fokus auf die Mitarbeiterschaft oder ein agiles Personalmanagement.
- **Die Studie vom Iacocca Institute/der Lehigh University report (Nagel 1992)**: Diese Studie wurde durch Teile der US-Regierung beauftragt und hatte das Ziel, zu erheben, inwiefern Massenproduktion damaliger Ausprägung noch zukunftsfähig sei.
  Damit einher gingen die Befürchtung, dass weitere Arbeitsplätze vor allem an japanische Unternehmungen verloren gehen könnten, und die Frage, wie – trotz dieser Diagnostik – Arbeitsplätze in den Vereinigten Staaten in der Massenproduktion gesichert werden könnten.
- **Auseinandersetzung mit japanischen Managementpraktiken im Rahmen der Studie von Womack et al. (1992)**: Diese Untersuchung konzentrierte sich fast gleichzeitig zur Studie des Iacocca-Instituts (vgl. Nagel 1992) auf die Leistungsfähigkeit japanischer Unternehmungen.
  Im Mittelpunkt der Analyse standen vor allem die (Produktions-)Managementkonzepte, etwa Lean Production, Total Quality Management sowie spezifische Managementmethoden (Tools) wie Kaizen, Poka Yoke oder Kanban; Managementmethoden, die auch heutzutage noch en vogue sind und im Zuge eines agilen Managements propagiert und eingesetzt werden.

Im ersten Schritt wollen wir uns dem Projektmanagement zuwenden. Die dazugehörige Forschungsrichtung umfasst letztlich die ‚Organisation von Temporärem' (Kenis et al. 2009). Projektmanagement lässt sich aus organisatorischer Perspektive vor dem Hintergrund des Innovationsmanagements dabei insofern als Vorläufer eines agilen Managements begreifen, als die Entwicklung innovativer Produkte, Dienstleistungen und Geschäftsmodelle oftmals in Projektform vorangetrieben wird. Maßgeblich ist dabei der einzigartige und temporäre Charakter dieser Aktivitäten.

In einem zweiten Schritt bietet sich die Auseinandersetzung mit der Entwicklung von Open-Source-Software an, denn letztlich finden die Methoden des agilen Managements, etwa Scrum, in der Reflexion über das Vorgehen bei der Entwicklung von Software ihren Ursprung.

Zusammenfassend und in der Vorausschau lässt sich überdies konstatieren, dass die nachstehend zu betrachtenden Managementströmungen gemein haben, dass sie beide einen temporären Charakter aufweisen und – wie zu zeigen sein wird – über eine gewisse ‚Leichtigkeit' und Flexibilität verfügen, die sie von klassischen Organisationsformen und hierarchischen Strukturen deutlich unterscheiden.

4.1.2.2 Open-Source-Software-Entwicklung als Ursprung

Ausgangspunkt für diese Form der Softwareentwicklung ist das **tradierte, profitorientierte Geschäftsmodell, Software zu entwickeln**. Diese klassische Form der Softwareentwicklung, wie sie vor allem von Microsoft oder Xerox betrieben wurde und teilweise auch noch wird, verlangt Nutzern ein Entgelt für die Nutzung der betreffenden Software ab.

Das Vorgehen bei der klassischen Softwareentwicklung lässt sich dabei am besten mit der **Metapher des Wasserfalls** charakterisieren (vgl. nachstehende Darstellung). Denn ähnlich wie bei der eingangs vorgestellten klassischen Wahrnehmung, wie Strategie- und Produktentwicklungsprozesse zu verlaufen haben (Mintzberg und Waters 1985), ist das anvisierte Vorgehen zur Softwareentwicklung ähnlich klar und systematisch vordefiniert und durchstrukturiert.

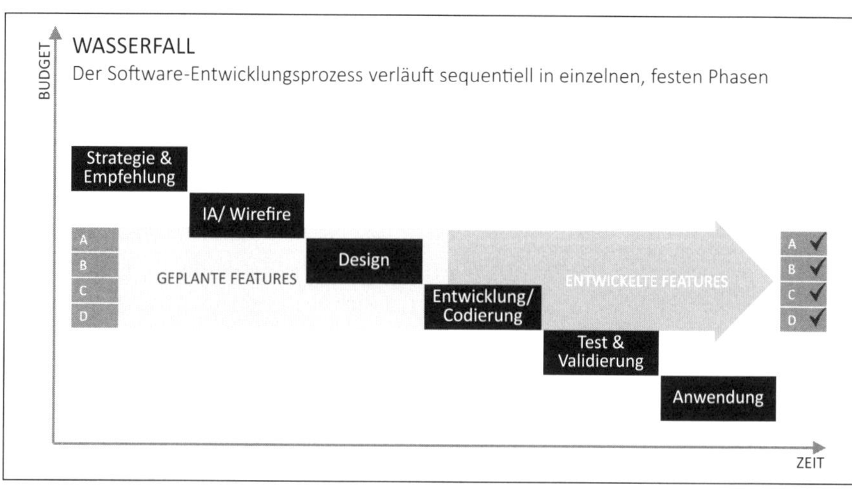

Darst. 4.6: Wasserfall-Methodik.

Von diesem Modell wollte sich eine Reihe von Entwicklern absetzen, allen voran der Entwickler von **Linux, Linus Torvalds** (Torvalds und Diamond 2001). Torvalds stellte 1992 seine Linux-Software – genauer gesagt: Das ‚Herzstück' einer jeden Software, den Quelltext – frei verfügbar im Internet bereit. Der offene Quelltext dokumentiert die Befehlsabfolge eines Computerprogramms. Das Besondere gegenüber profitorientierter Software ist nunmehr, dass sie im Fall von OSS-Entwicklungsaktivitäten durch jede Person frei bearbeitet, modifiziert und wieder im Internet bereitgestellt werden kann. Es existiert also keine Möglichkeit, durch die Software selbst Profite zu erlangen. Daher entschieden sich die Entwickler für den Begriff Open-Source-Software. Plakativ wird deshalb in diesem Zusammenhang auch in Unterscheidung zum Copyright mit Blick auf die rechtlich geschützte und profitorientierte Softwareentwicklung von **Copyleft** im Fall von OSS-Entwicklungen gesprochen. Der Quelltext und der daraus resultierende Quellcode stellen somit ein öffentliches Gut dar. Weitere OSS-Beispiele sind Apache oder Mozilla.

Des Weiteren zielt proprietäre Software, wie profitorientierte Softwareentwicklungen auch genannt werden, darauf ab, das jeweilige Softwareprogramm als Standard zu etablieren. Im Fall von OSS wird dagegen versucht, ein Ökosystem um die jeweilige Software herum zu entwickeln.

Damit gehen wiederum auch andere, variierende Ansprüche einher, denn im Fall von proprietärer Software entspringt das Grundanliegen dem Schumpeter'schen Gedanken an Wettbewerbsrenditen – sprich: Der Fokus liegt auf der Abgrenzung gegenüber dem Wettbewerb durch möglichst innovative Entwicklungssprünge bei jeder neuen Auflage (Release) der Software.

Demgegenüber wird bei Open-Source-Softwareentwicklungen im Einklang mit dem bei Scrum angeführten Vorgehen bei Insiders Technologies das **Hauptaugenmerk auf kleinere Verbesserungen** gelegt. Dies geschieht, indem die örtlich frei verteilten Entwickler die Software stets kleinteilig an den individuellen Interessen und Bedürfnissen orientiert testen, weiterentwickeln und der Entwicklergemeinde wieder zur Verfügung stellen. OSS wird daher mit einer konkreten Problemorientierung entwickelt. Im Kontrast verfolgen Entwickler oder Unternehmungen bei proprietärer Softwareentwicklung eher holistische Gedanken und zielen auf möglichst generelle Nutzbarkeit der zu entwickelnden Software ab.

Zusammenfassend lässt sich konstatieren, dass die Art und Weise der Softwareentwicklung bei Insiders Technologies sowie die zugrundeliegenden Ideen und Konzepte wie Scrum im Einklang mit einem agilen Management sind. Dies gilt es insofern hervorzuheben, als Insiders Technologies hier offenkundig ergänzend und sofern zielführend die Vorteile der Entwicklung von Open-Source-Software nutzt und einen Weg gefunden hat, die Grundideen erfolgreich für die proprietäre Softwareentwicklung nutzbar zu machen.

4.1.2.3 Das agile Manifest – zentrale Merkmale eines agilen Managements

Das sog. agile Manifest wurde von Experten aus der IT-Branche ins Leben gerufen (Beck et al. 2001a). Es versteht sich als Kritik an etablierten Instrumentarien des

Projektmanagements, vor allem vor dem Hintergrund der Softwareentwicklung (vgl. hierzu auch die Ausführungen zur Open-Source-Softwareentwicklung sowie Müller-Seitz und Reger 2009).

Das in mehreren Sprachen im Internet abrufbare Manifest selbst liest sich im Original (Beck et al. 2001a) recht knapp:

„Wir erschließen bessere Wege, Software zu entwickeln,
indem wir es selbst tun und anderen dabei helfen.
Durch diese Tätigkeit haben wir diese Werte zu schätzen gelernt:
Individuen und Interaktionen mehr als Prozesse und Werkzeuge
Funktionierende Software mehr als umfassende Dokumentation
Zusammenarbeit mit dem Kunden mehr als Vertragsverhandlung
Reagieren auf Veränderung mehr als das Befolgen eines Plans
Das heißt, obwohl wir die Werte auf der rechten Seite wichtig finden,
schätzen wir die Werte auf der linken Seite höher ein.“

In dem Manifest spiegelt sich somit der bereits im Rahmen von Scrum bei Insiders Technologies angekündigte, kurzfristige und an Interaktionen oder Personen orientierte Charakter der agilen Softwareentwicklung und generell der agilen Managementmethode wider.

Die dahinterliegenden **Prinzipien agiler Softwareentwicklung** knüpfen direkt an die skizzierten Grundpfeiler des Manifests an. Im originalen Wortlaut formulieren Beck et al. dabei wie folgt (2001b):

„Wir folgen diesen Prinzipien:
Unsere höchste Priorität ist es,
den Kunden durch frühe und kontinuierliche Auslieferung
wertvoller Software zufrieden zu stellen.
Heiße Anforderungsänderungen selbst spät
in der Entwicklung willkommen. Agile Prozesse nutzen Veränderungen
zum Wettbewerbsvorteil des Kunden.
Liefere funktionierende Software
regelmäßig innerhalb weniger Wochen oder Monate und
bevorzuge dabei die kürzere Zeitspanne.
Fachexperten und Entwickler
müssen während des Projektes
täglich zusammenarbeiten.
Errichte Projekte rund um motivierte Individuen.
Gib ihnen das Umfeld und die Unterstützung, die sie benötigen
und vertraue darauf, dass sie die Aufgabe erledigen.
Die effizienteste und effektivste Methode, Informationen
an und innerhalb eines Entwicklungsteams zu übermitteln,
ist im Gespräch von Angesicht zu Angesicht.
Funktionierende Software ist das
wichtigste Fortschrittsmaß.
Agile Prozesse fördern nachhaltige Entwicklung.
Die Auftraggeber, Entwickler und Benutzer sollten ein
gleichmäßiges Tempo auf unbegrenzte Zeit halten können.

*Ständiges Augenmerk auf technische Exzellenz und gutes Design fördert Agilität.
Einfachheit – die Kunst, die Menge nicht getaner Arbeit zu maximieren – ist essenziell.
Die besten Architekturen, Anforderungen und Entwürfe entstehen durch selbstorganisierte Teams.
In regelmäßigen Abständen reflektiert das Team, wie es effektiver werden kann und passt sein Verhalten entsprechend an."*

Mittlerweile hat sich eine Gruppe von Verfechtern agiler Managementprinzipien gegründet, die sog. Agile Alliance (2018). Sie besteht aus mittlerweile mehr als 10.000 Mitgliedern und baut auf dem agilen Manifest auf.

4.1.2.4 Dimensionen eines agilen Managements

Was sind nun denkbare Dimensionen oder Handlungsfelder, in denen ein agiles Management zum Einsatz kommen kann? In Anlehnung an die Analyse von Vázquez-Bustelo et al. (2007) lassen sich unterschiedliche Bereiche identifizieren, die im Folgenden näher erörtert werden.

Eingangs ist dabei hervorzuheben, dass Vázquez-Bustelo et al. (2007) dezidiert auf den Produktionsbereich eingehen. Dennoch lassen sich die Grundgedanken auf andere Kontexte und Organisationsaufgaben übertragen, weshalb hier eine Auseinandersetzung mit dem agilen Produktionskonzept stattfindet. Zudem gehen die Autoren nicht davon aus, dass ein agiles Management lediglich einen isolierten Tätigkeitsbereich betrifft, etwa die Produktion. Vielmehr wird unterstellt, dass verschiedene, wenn nicht sogar fast alle, Bereiche einer Organisation zumindest in Teilen durch die Ansätze des agilen Managements bereichert werden können.

Zunehmend turbulente Organisationsumfelder – so die Annahme des Autorenkollektivs auf Basis einer Literaturrecherche – führen aus Sicht von Vázquez-Bustelo et al. (2007) in Konsequenz dazu, dass ein agiles Management unweigerlich einzurichten ist, um sich angemessen den Umweltbedingungen anpassen zu können. Als ursächlich für diese Beobachtung führen die Autoren die folgenden zwei Faktoren ins Feld: Einerseits zunehmend dynamische Umfelder sowie andererseits aggressive Wettbewerbssituationen.

Im **Kern des agilen Produktionsmanagements** sehen die Autoren die folgenden **fünf strategischen Themenfelder** als relevant an, die sich wie angedeutet zumindest in Ansätzen auf die gesamte Organisation übertragen lassen und für die Insiders Technologies ein illustratives Beispiel darstellt:

- **Agile Mitarbeiterschaft**: Um eine möglichst agile Mitarbeiterschaft zu erhalten bzw. beizubehalten, verweisen die Autoren zunächst auf die Notwendigkeit der Unterstützung durch das Top-Management.

  Außerdem wird eine unmittelbare Einbindung der Mitarbeiter als entscheidend betrachtet. So soll letztlich ein Top-down- und Bottom-up-Abgleich geschaffen werden, so dass letztlich alle Ebenen einer Organisation gemeinsame Ziele

verfolgen und an der Entscheidungsfindung partizipieren. Im Fall von Insiders Technologies wird dies wechselseitig gelebt und erlebbar gemacht.
Des Weiteren soll die Idee des Empowerment verfolgt werden. Unter Empowerment wird dabei die Delegation von Entscheidungsbefugnissen an Mitarbeiter verstanden.
Wie auch bei Insiders Technologies, ist die Teamarbeit ein weiterer wichtiger Referenzpunkt laut Vázquez-Bustelo et al. (2007). Teamarbeit in agilen Organisationen sollte demnach – sofern relevant – in interdisziplinären Teams erfolgen. Ferner sollten die Teams möglichst eigene Ressourcen (Autarkie) und Entscheidungsbefugnisse (Autonomie) erhalten.
Aus Sicht der Personalentwicklung gilt es auf Basis der Literaturrecherche der Autoren als vielversprechend, Tätigkeitswechsel und damit einhergehend direkte und indirekte Mitarbeiterqualifizierungsmaßnahmen anzustreben. Schlagwörter wie Job Rotation oder Job Enrichment fallen unter dieses Maßnahmenbündel.
Schließlich wird auch noch darauf verwiesen, dass im Idealfall ein Unternehmergeist in der Organisation vorherrscht, sprich: Die Mitarbeiter sich als Eigentümer von Ideen und deren Umsetzung, und damit als ‚Unternehmer im Unternehmen' (Intrapreneure) begreifen. Dies geht letztlich Hand in Hand mit den vorangestellten Annahmen zum Empowerment.

- **Wertschöpfungskettenintegration**: Hierunter fassen die Autoren alle Managementansätze und -bestrebungen, die sowohl die interne Ausrichtung der Organisation und ihrer Prozesse als auch damit verbunden die Ausgestaltung der Beziehungen zu anderen Organisationen betreffen. Letztlich steht dies im Einklang mit der partnerschaftlichen Kooperationsorientierung von Insiders Technologies. Denn vor allem der enge Austausch mit Kunden, aber auch mit Partnerunternehmen oder Zulieferern wirkt sich unmittelbar – sei es positiv oder negativ – auf die Entwicklung von Innovationen aus.
- **Concurrent Engineering**: Der Begriff Concurrent Engineering bezieht sich auf organisationale Praktiken, die darauf abstellen, „to develop new products and/or processes leading to concurrent engineering" (Vázquez-Bustelo et al. 2007, 1311).
  Unter diesen Begriff lässt sich also beispielsweise sowohl die Bildung von funktionsübergreifenden, interdisziplinären Entwicklungsteams als auch die Einrichtung multidisziplinärer Arbeitsumgebungen subsumieren. Es wird also letztlich darauf geachtet, dass die Aktivitäten des Produktionsmanagements möglichst holistisch und realitätsnah umgesetzt werden. Hierzu gehört ebenfalls die Integration von Kunden in den Produktentwicklungsprozess, um so bestmöglich auf die Kundenbedürfnisse eingehen zu können.
  Auch diese Grundannahmen lassen sich bei Insiders Technologies wiederfinden. Vor allem die nachstehenden Ausführungen zum Umgang mit Unsicherheit sowie die Förderung der Innovationskultur bei Insiders Technologies lassen sich hier als illustrative Belege nennen.
- **Agile Technologien**: Als agile Technologien begreifen die Autoren die systematische Implementierung und Integration fortschrittlicher „design, manufacturing and administrative technologies" (Vázquez-Bustelo et al. 2007, 1309). Hierzu zählen Enterprise-Resource-Planning-Systeme, Computer-Aided-Manufactu-

ring-Softwaresysteme, Barcodes, Electronic Data Interchange, Materialplanungssysteme wie auch automatisierte Lagerhaltungssysteme. Der Einsatz von Robotern bietet einen weiteren Anknüpfungspunkt.

Übertragen auf Insiders Technologies lassen sich freilich keine klassischen, physischen Roboter oder Ähnliches nutzen. Gleichwohl sind im übertragenen Sinne die Chatbots oder die Verarbeitung von dokumentbezogenen Informationen im Sinne des Omnikanal Input Managements empirische Evidenzen für die Relevanz der von Vázquez-Bustelo et al. (2007) angedachten Technologien,

- **Wissensmanagement**: Mit Blick auf dieses strategische Themenfeld führen die Autoren einerseits den Einsatz von Wissensmanagementdatenbanken und IT-gestützten Wissensmanagement- und Lernsystemen ins Feld. In diesen Fällen steht explizites Wissen im Vordergrund. Andererseits heben sie den Schutz geistigen Eigentums und sensibler Daten hervor, wobei hierbei in erster Linie auf implizites Wissen abgestellt wird, welches in den Mitarbeitern und Unternehmensprozessen verankert sein kann.

  Einen weiteren Anknüpfungspunkt sehen sie in der Aus- und Weiterbildung der Mitarbeiter sowie damit eng verbunden der Ausrichtung der Organisationsstruktur und -kommunikation. Denn der explizite und implizite Wissensfluss innerhalb einer Organisation ist aus Sicht des Autorenteams ein zentraler Erfolgsfaktor eines agilen Produktionsmanagements.

  Wie zu zeigen sein wird, sind die angeführten Aspekte des Wissensmanagements auch bei Insiders Technologies vorzufinden. Dies betrifft die Vermittlung von Wissen durch IT-gestützte Medien (z.B. durch Wikis), die personengestützte Wissensvermittlung (z.B. im Rahmen des Einarbeitungsprozesses für neu in das Unternehmen eingetretene Mitarbeiter) oder den umfassenden Kompetenzaufbau in der Insiders Akademie.

Abschließend bleibt kritisch festzuhalten, dass es sich bei der Konzeption von Vázquez-Bustelo et al. (2007) naturgemäß ‚lediglich' um eine literaturbasierte Analyse handelt, die am Beispiel von spanischen Firmen getestet wurde. All die angeführten Konzeptionen ließen sich in Reinform und im Detail im Rahmen der Auseinandersetzung keineswegs empirisch beobachten. Dennoch liefert dieser Überblick zentrale Dimensionen und somit gleichsam Ansatzpunkte und Inspirationen, wie ein agiles Management in der Praxis ein- und umgesetzt werden kann, und Insiders Technologies ist in modifizierter Form ein Paradebeispiel für die angeführten strategischen Themenfelder eines agilen Managements.

4.1.2.5 Abgrenzung von Agilität gegenüber verwandten Begriffen

Schlussendlich soll noch eine konzeptionelle Abgrenzung des Agilitätsbegriffs von **verwandten begrifflichen Kandidaten** erfolgen. Dies hat nicht nur rein wissenschaftlichen Charakter, sondern dient auch dem Umgang mit der in Praxis und Wissenschaft vorzufindenden dschungelartigen Begriffsvielfalt. Daher soll im Folgenden unter Rekurs auf Müller-Seitz (2014b) eine Abgrenzung zu verwandten Konstrukten erfolgen, namentlich zu den Begriffen Resilienz, Robustheit, Flexibilität sowie Adaptionsfähigkeit:

- Wie an anderer Stelle bereits erörtert, soll unter **Resilienz** grundsätzlich die Widerstandsfähigkeit eines Systems verstanden werden. Die Widerstandsfähigkeit wird dabei als eine üblicherweise im Kern recht kurzfristige Reaktion thematisiert. Hierin liegt die Parallele zum agilen Management. Dabei ist im Zusammenhang mit Managementforschung und -praxis zumeist von der Widerstandsfähigkeit eines Systems gegenüber negativen Wirkeffekten die Rede. Seltener werden im Zusammenhang mit dem Resilienzbegriff Chancen und positive Phänomene thematisiert. Insofern besteht hier ein faktischer und konzeptioneller Unterschied zur Agilitätsdebatte.
  Überdies fokussieren agile Managementkonzepte zumeist in erster Linie organisationsinterne Geschehnisse, wenngleich oftmals auch Kundenbedürfnisse und ähnliche externe Aspekte eine Rolle spielen. Dies stellt einen Kontrast zur Resilienzforschung dar, bei der stets organisationsexterne Auslöser für die Auseinandersetzung mit Resilienz notwendig sind.
- Der Begriff der **Robustheit** wird einerseits in formell-analytischen Verfahren verwendet, andererseits aber auch mit Blick auf die Ausdauer oder generell das Ausmaß, einem konträren Wirkeffekt zu widerstehen. Dabei wird Robustheit also als präventiv-reaktives Phänomen aufgefasst, bei dem in erster Linie Risiken thematisiert werden. Das präventive und gleichsam reaktive Moment stellt zunächst eine Parallele zum Agilitätsbegriff dar.
  In Anlehnung an Ansätze aus dem Bereich des interkulturellen Managements lässt sich Robustheit hierbei als vergleichsweise deutsche Eigenschaft begreifen, äußeren Widerständen (Willens-)Kraft entgegenzusetzen. Dies manifestiert sich sinnbildlich in der Eiche als Baum. Sie trotzt dem Sturm – so lange, bis sie möglicherweise am Widerstand bricht. Demgegenüber ist es eine japanische Eigenschaft, Widerstand variabler auszulegen. In diesem Fall ließe sich um die Metapher des Bambus bemühen. Er verfügt bei Sturm über die Fähigkeit, sich flexibel mit dem Wind zu bewegen. Die Metapher einer Eiche entspricht dabei natürlich eher dem Wasserfallvorgehen denn einem agilen Vorgehen, wie etwa im Rahmen von Scrum.
- Im Kontrast dazu lässt sich **Flexibilität** als die Fähigkeit, sich auf vorhersehbare Ereignisse mit negativen Folgen einzustellen, begreifen. Vergleicht man diese Interpretation des Flexibilitätsbegriffs mit dem der Agilität, so wird deutlich, dass im Fall von Agilität auch explizit ein proaktives Vorgehen mit unterstellt wird. Im Gegensatz zur Robustheit sind hier also wiederum Anpassungen denkbar. Allerdings handelt es sich ebenfalls um eine primär präventiv-reaktive sowie an Risiken orientierte Konzeption. Dies wird beispielsweise in Ansätzen der Produktionswirtschaft in Anschlag gebracht, um (Inter-)Aktionen innerhalb von Zulieferketten zu kalkulieren.
- Schließlich zielt der Begriff der **Adaptionsfähigkeit**, insbesondere in der Auslegung nach Staber und Sydow (2002), auf die Fähigkeit ab, sich an vorhersehbare und unvorhersehbare Ereignisse anzupassen. Phänomengetrieben sind wenige Unterschiede zwischen den Studien zur Adaptionsfähigkeit, Agilität und Resilienz festzuhalten. Allerdings kommt der Begriff der Adaptionsfähigkeit von Staber und Sydow (2002) dem im vorliegenden Kontext propagierten Verständnis am nächsten, da die Autoren eine an Praktiken orientierte Perspektive

einnehmen, wie sie auch noch später im Rahmen der vorliegenden Auseinandersetzung thematisiert wird. Dennoch gilt es zu berücksichtigen, dass das von Staber und Sydow (2002) vorgelegte Konzept theoretisch-konzeptioneller Natur unter Rekurs auf die Strukturationstheorie ist und sich somit deutlich vom eher praxisbezogenen Agilitätsbegriff unterscheidet.

Als **Zwischenfazit** lässt sich an dieser Stelle festhalten, dass die angeführten, verwandten Begriffe tendenziell auf reaktive und risikobehaftete Phänomene abstellen. Ein proaktives, positiv behaftetes Vorgehen, wie im Fall eines agilen Managements, sucht man hier vergebens.

Anders formuliert sind Risiken und Unsicherheiten Phänomene, die es möglichst zu vermeiden gilt. Im Folgenden wollen wir uns dem Themenkomplex der Unsicherheit näher widmen und aufzeigen, inwiefern Unsicherheit im Fall von Insiders Technologies und später theoretisch-konzeptionell aufgearbeitet durchaus viel Positives abgewonnen werden kann.

4.2 Öffnung gegenüber Unsicherheiten

„*The biggest risk is not taking any risk ... In a world that's changing really quickly, the only strategy that is guaranteed to fail is not taking risks*“
Mark Zuckerberg (zitiert nach Telegraph 2017)

Dieses Zitat von Mark Zuckerberg, dem Gründer von Facebook, verdeutlicht, dass die Verfolgung von Strategien stets mit Unwägbarkeiten verbunden ist. Natürlich existieren Märkte, die tendenziell weniger Volatilität aufweisen als andere. Allerdings sind externe Schocks in keiner Branche auszuschließen. Auch und gerade im Hinblick auf die digitale Transformation ist das Eingehen von gewissen Risiken nahezu unumgänglich.

Diese Beobachtung als Ausgangspunkt nehmend, soll im Folgenden das Hauptaugenmerk auf den Umgang mit Unsicherheiten bei Insiders Technologies gelegt werden (4.2.1). Im Anschluss daran erfolgt die Reflexion dieser Thematik aus wissenschaftlicher Sicht (4.2.2).

4.2.1 Zum Umgang mit Unsicherheiten bei Insiders Technologies

Für Insiders Technologies stellt sich **nicht die Frage, ob die digitale Transformation einen Einfluss auf das Unternehmen haben wird** (hier und im Folgenden s. hierzu auch Heinlein und Weiss 2017) – das ist ja vielmehr die Prämisse der vorliegenden Beschäftigung mit dem Thema. Von höchster Relevanz ist aber die **Frage nach dem ‚wie‘**, also nach dem Umgang von Insiders Technologies mit der digitalen Transformation.

Wie viele andere Unternehmen ist auch Insiders Technologies im Zusammenhang mit der digitalen Transformation mit vielen Unwägbarkeiten konfrontiert. Es ist beispielsweise völlig unklar, wie sich die Märkte der Kunden von Insiders Technologies entwickeln, wie sich die regionale sowie die globale Konkurrenz von Insiders Technologies verhält, mittels welcher Innovationen Insiders Technologies sich selbst neue Geschäftsfelder erschließt usw. Ergo: Für Insiders Technologies ist die Beschäftigung damit, wie am besten mit Unsicherheit umzugehen ist, unumgänglich.

Diese Notwendigkeit wird auch dadurch getrieben, dass Insiders Technologies den Anspruch hat, mit **Innovationen** eine **technologische Führerschaft** zu verfolgen. Um diesem Anspruch gerecht zu werden, bedarf es Wagemuts und Unternehmertums im gesamten Unternehmen oder anders formuliert: Eine positive Einstellung zu **Unsicherheit wird ausdrücklich begrüßt**. Der Aufbruch ins Ungewisse im Zuge der Entwicklung von neuen Technologien stellt somit einen wesentlichen Reiz und Ansporn im Arbeitsalltag dar (vgl. dazu auch im Folgenden unter 4.3.3 die Ausführungen zur Innovationskultur).

Bis dato wurde der Unsicherheitsbegriff im Wesentlichen zumindest implizit auch mit negativen Wirkeffekten in Verbindung gebracht, etwa der Möglichkeit des Scheiterns eines Produkts am Markt. Allerdings lässt sich der Unsicherheitsbegriff durchaus auch wesentlich positiver interpretieren. So ließe sich dies durch die **Neigung eines Unternehmers** veranschaulichen, **Neues zu erschaffen**. Dabei wird schnell deutlich, dass der Aspekt des Erkundens und Kreierens positiv belegt ist. Und so verhält es sich auch bei Insiders Technologies, wo diese Haltung zum Unternehmertum von oben vorgelebt und für jede einzelne Person angeregt wird.

Eng verbunden mit dieser Beobachtung ist auch die bei Insiders Technologies vorzufindende Wissbegierde und der Wille, die Vision der Technologieführerschaft zu erreichen und vorzuleben. Dies kann auch darin ausgeprägt sein, **Existierendes kritisch zu hinterfragen und schöpferisch zu zerstören**. Dieser Gedanke geht auf die schöpferische Zerstörung im Geiste Schumpeters (1931) zurück. Folgt man Schumpeter, so wird Altes überwunden, um Neuartiges hervorbringen zu können (vgl. hierzu auch Müller-Seitz und Weiss, 2018).

Auf die digitale Transformation in Verbindung mit Insiders Technologies lassen sich diese Gedankengänge nunmehr leicht übertragen. So gilt es aufgrund der Innovationsfokussierung und kundenzentrierten Ausrichtung immer wieder digital gestützte Innovationen bei Kunden einzuführen. Dies kann durchaus auch mit internen Widerständen bei den Kunden verbunden sein, die es konstruktiv zu lösen gilt. Zu denken wäre hier etwa an mögliche Ängste vor der Einführung neuer Softwarelösungen und des damit einhergehenden ‚Überbordwerfens' jahrelang etablierter Abläufe. In einer ganzheitlichen Betrachtung werden Kunden aus der Versicherungsbranche allerdings aus Sicht des Managements danach streben, Produkte von Insiders Technologies einzusetzen (z. B. mit Blick auf die Abrechnung von medizinischen Leistungsbelegen), allein schon mit Blick auf die Einsparpotentiale der Digitalisierung und die Zufriedenheit ihrer Kunden durch einen modernen Kundenservice.

Der Umgang mit Unsicherheit spiegelt sich jedoch auch noch auf wesentlich subtilere Art und Weise im Unternehmensalltag von Insiders Technologies wider. Hierfür lässt sich die in den Geschäftsräumen anzutreffende **Leidenschaft für Kunst** stellvertretend für die Offenheit gegenüber dem Umgang mit Unsicherheit interpretieren. Diese Beobachtung mag zunächst irritieren. Wie passen die beiden meist gegensätzlich verwendeten Begriffe Kunst und Kommerz zusammen? Wo liegen denkbare Parallelen zwischen beiden Sphären? Überwiegen nicht eher die

Unterschiede zwischen einem freigeistigen, sich selbst verwirklichenden Künstler und einem profitorientierten Unternehmer?

Darst. 4.7: Kunst und Raumkultur als Inspirationsquelle im Arbeitsalltag. Quelle: Müller-Seitz und Weiss (Quelle: Insiders Technologies, 2019).

Wie an anderer Stelle näher erörtert (Müller-Seitz und Weiss, 2018), kommt der Kunst eine bedeutsame Rolle bei Insiders Technologies zu (vgl. voranstehende Darstellung). So kann die Auseinandersetzung mit **Kunst** letztlich **zwei Beiträge zum Umgang mit Unsicherheit** verdeutlichen: **Erstens** liegt es natürlich nahe, **Künstlern** im Rahmen ihres kreativen Schaffens zu unterstellen, dass sie genuin **Neues hervorbringen**. Kreativität geht dabei oftmals mit schöpferischer Zerstörung einher. So lässt sich beispielsweise nachvollziehen, dass der Neuaufbau von Kunststilen in der Malerei immer wieder damit einherging, dass Etabliertes im Schumpeter'schen Sinne zerstört und Neues geschaffen wurde. Zu denken wäre hier etwa an den Aufruhr, den ehemals Impressionisten (z. B. Monet), Kubisten (z. B. Picasso) oder Pop-Art-Vertreter (z. B. Warhol) erzeugten, als sie ihre Werke einem breiteren Publikum zugänglich machten. Oftmals war die Kritik geradezu vernichtend; und doch stiegen die Gescholtenen wie Phönixe aus der Asche auf und werden im Rückblick als – aus der Sicht und in der Parlance des Managements – radikale Innovatoren gefeiert.

Als ein Beispiel für einen bei Insiders Technologies vertretenen Künstler sei **Dietmar Brixy** angeführt. Der Mannheimer Maler und Bildhauer kreiert Kunstwerke, die dem Expressionismus zuzuordnen sind, innerhalb dieser Stilrichtung jedoch die Sujets wechseln, mithin zwischen informellem und abstraktem Expressionismus lavieren (vgl. nachstehende Darstellung). Überdies zeichnet die Gemälde von Brixy aus, dass auf ihnen Farbe unterschiedlich dick aufgetragen wird und die Bilder somit auf besondere Weise energiegeladen und ausdrucksstark wirken.

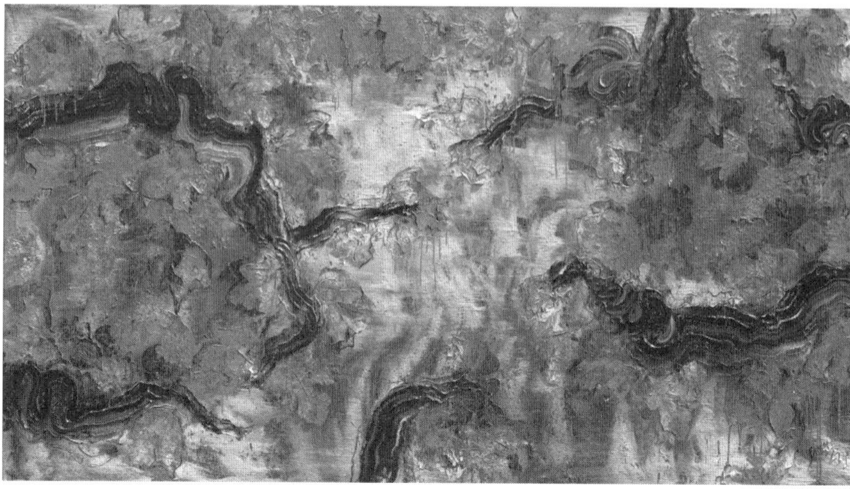

Darst. 4.8: Werk von Dietmar Brixy.

Passenderweise überschreibt Brixy seine 2014 entworfene Werkreihe mit dem Titel ‚Discover'. Der Titel wurde bewusst in Anspielung auf die ‚Entdeckungsreise' eines jeden Betrachters gewählt, der sich mit dem Werk von Brixy konfrontiert sieht. Gleichzeitig stellt der Titel auch eine ironische Selbstreflexion dar, stellt er doch auf den künstlerischen Entdeckungs- und Selbstreflexionsprozess ab.

Zweitens, und dies ist der weitaus interessantere sowie subtilere Aspekt, wird bei Insiders Technologies auf Kunst insofern Wert gelegt, als sie dabei helfen soll, eine **kreative und inspirierende Arbeitsatmosphäre** zu schaffen. Das zeigt sich u. a. darin, dass sich in den Räumlichkeiten von Insiders Technologies viele Kunstwerke befinden. Die Kunstwerke sind dabei nicht nur, aber vor allem auch als Inspirationsquelle zu begreifen.

Überdies sind es nicht nur die allseits augenfälligen Kunstwerke, die zu Kreativität anregen sollen. Auch die innovative Ausgestaltung mit floristischen Elementen fällt hierunter. So sind die Deckenpaneele teilweise durch angewachsenes Moos verziert. Auch die maßgeschneiderten oder teilweise sogar als Unikate angefertigten Möbelstücke liefern insgesamt einen Beitrag zu einer kreativen Arbeitsatmosphäre.

Durch diese raumgestalterischen Impulse sollen beispielsweise **Dialoge zwischen Mitarbeitern von Insiders Technologies und Kundenvertretern** angeregt werden oder der Austausch alternative, unvorhergesehene Verläufe nehmen können. Denn so könnte ein Austausch zwischen zwei kunstbegeisterten Personen dazu führen, dass vom eigentlichen Arbeitskontext bzw. -thema abgeschweift würde und hierdurch per schieren Zufall neue, anders gelagerte Ideen als ursprünglich thematisiert entstehen könnten. Als bester Beleg für diese Beobachtungen mag gelten, dass Kunden immer wieder von sich aus darauf verweisen, dass beim Betreten der Räumlichkeiten von Insiders Technologies unmittelbar zu spüren ist, dass es sich nicht um eine sterile Großraumbüroatmosphäre handelt. Vielmehr äußern Kunden ihre Begeisterung über die ‚ungewöhnliche Arbeitsatmosphäre' oder das ‚völlig andere Umfeld' des auf Innovation hin ausgelegten Arbeitskontexts.

Als **Zwischenfazit** soll nunmehr festgehalten werden, dass bei Insiders Technologies grundsätzlich eine Offenheit gegenüber Unsicherheit vorzufinden ist. Dies ist kennzeichnend für die Aktivitäten des Unternehmens und zeugt letztlich auch von einem gesunden Selbstbewusstsein als ‚Hidden Champion', ist aber auch als permanenter Weckruf für die gesamte Belegschaft sowie die Kooperationspartner zu verstehen, dass die digitale Transformation unweigerlich zu managen ist. Ähnlich wie im Fall von Künstlern gilt es also, mit den Unsicherheiten des Unternehmensalltags konstruktiv umzugehen, Neues zu entdecken und nicht nur die damit verbundenen Gefahren zu betrachten, sondern vielmehr die sich hieraus ergebenden Chancen in den Fokus zu rücken.

4.2.2 Wissenschaftliche Interpretation und Reflexion

Zunächst soll der Risiko- bzw. Unsicherheitsbegriff näher ausgeleuchtet werden, um einen an Praktiken informierten Umgang mit Unsicherheit festzuhalten, der für Insiders Technologies kennzeichnend ist. Anschließend wird unter Rekurs auf wissenschaftliche Beiträge zur Kreativität und Kunst aufgezeigt, inwiefern diese Themenfelder eng miteinander verknüpft und für das Verständnis des Strebens nach technologisch führenden Innovationen bei Insiders Technologies relevant sind.

Mit Blick auf die Begriffe **Risiko und Unsicherheit** ist zunächst festzuhalten, dass der Risikobegriff in Diskussionen in Wissenschaft und Praxis weitaus gebräuchlicher ist als der der Unsicherheit. Folgt man Giddens (2002, 21), so stammt der Ausdruck Risiko vermutlich aus der englischen oder portugiesischen Sprache und wurde erstmals im Zusammenhang mit der Seefahrt im 16./17. Jahrhundert erwähnt. Dabei wurde mit Risiko ursprünglich das Aufbrechen in unbekannte Gewässer bezeichnet.

Gelegentlich werden die Termini Risiko und Unsicherheit auch vermengt und als Synonyme behandelt. Eine Vermengung scheint jedoch wissenschaftlich unzulässig und eine Differenzierung geboten. Denn nur so lassen sich die Parallelen mit Blick auf den Charakter von Künstlern angemessen nachzeichnen, weshalb im Folgenden kurz näher darauf eingegangen wird.

Was soll nunmehr unter **Risiko** zu verstehen sein? In Anlehnung an Knight (1921) sollen unter Risiko all jene Phänomene verstanden werden, die sich in eine Kalkulation überführen lassen. Als klassisches Beispiel sei hier das Werfen eines Würfels mit den ganzen Ziffern 1 bis 6 angeführt. Die Wahrscheinlichkeit bzw. Erwartung jede einzelne Zahl bei einem Wurf zu erhalten ist im Schnitt bei 1/6 anzusetzen.

Demgegenüber soll **Unsicherheit** hinsichtlich radikaler Innovationen als Begriff in Anschlag gebracht werden. Ähnlich wie Künstler mit dem Aufbruch ins Ungewisse und dem Umgang mit Unsicherheit konfrontiert sind, handelt es sich auch beim Hervorbringen von Innovationen eben auch um eine Auseinandersetzung mit hochgradigen Unsicherheiten. Unter Rekurs auf Knight wäre Unsicherheit als das im Extremfall noch nicht einmal Erwartbare zu begreifen. Insofern besteht zwischen Unsicherheit ein deutlicher Unterscheid zu kalkulier- und damit auch erwartbaren Risiken (z. B. in Form eines Produktupdates).

Folgt man der Terminologie von Knight, kann ein graduelles Verhältnis von Risiko mit Blick auf kalkulierbare Phänomene bis hin zu Unsicherheit als das völlig Unerwartete interpretiert werden. Der Umgang mit Unsicherheit (vgl. hierzu vertiefend Müller-Seitz 2014b sowie Sydow und Müller-Seitz 2011) ist daher insofern für ein Verständnis von Insiders Technologies relevant, da sowohl Künstler beim Erschaffen ihrer Kunstwerke als auch die Mitarbeiter bei Insiders Technologies kontinuierlich danach streben, technologische Innovationen hervorzubringen. Innovationen lassen sich dabei nämlich keinem Kalkül mit Blick auf Erfolg oder Misserfolg unterziehen. Vielmehr sind technologische Innovationen hochgradig mit Unsicherheit behaftet, weil u. a. unklar ist, inwiefern sie am Markt reüssieren und von den Kunden akzeptiert und erworben werden.

Des Weiteren sind die Forschungs- und Entwicklungsprozesse – auch trotz agiler Managementansätze wie etwa Scrum – selbst hochgradig mit Unsicherheit behaftet. Die Entscheidung für oder gegen die Weiterentwicklung und den späteren Einsatz eines bestimmten Produktmerkmals hat vielfach weitreichende Konsequenzen, die während des Entwicklungsprozesses nur schwer oder gar nicht abzuschätzen sind. Natürlich gilt dies auch mit Blick auf den Umgang mit Risiken, verschärft sich jedoch hinsichtlich mit Unsicherheit behafteter Phänomene.

Wie lässt sich der Umgang mit Risiken und Unsicherheiten nunmehr theoretisch-konzeptionell fassen? Um eine **Arbeitsdefinition für den Umgang mit Unsicherheit** zu ermöglichen, soll ein Rekurs auf die **Strukturationstheorie von Giddens** erfolgen (hier und im Folgenden Giddens 1984). In Giddens‘ Werk sind Praktiken ein zentraler theoretischer Baustein. Unter Praktiken versteht er wiederkehrende, ähnlich gelagerte Bündel an Aktivitäten bzw. Aktivitätsmuster, die in Zeit-Raum relativ stabil sind. Es handelt sich also um Aktivitäten, die nicht isoliert zu betrachten sind, sondern Teil eines fortwährenden Aktivitätsmusters darstellen. Das Ausüben einer Praktik ist daher niemals über Durchläufe hinweg völlig identisch. Vielmehr beeinflusst – wenngleich unterschiedlich stark – die Ausübung einer Praktik den nächsten Durchlauf der gleichen Praktik.

Als ein technologiegetriebenes **Beispiel** für den hier gewählten Praktikenbegriff ließe sich hier eine von Sydow und Müller-Seitz (im Druck) untersuchte Praktik zum Umgang mit Unsicherheit bei interorganisationalen Netzwerken nennen, das sog. **interorganisationale Roadmapping** im Rahmen der International Technology Roadmap for Semiconductors (ITRS). Die ITRS ist eine Organisation, in der alle weltweit sichtbaren Vertreter der Halbleiterindustrie Mitglieder sind. Die zentrale Aktivität dieses Netzwerks ist das kontinuierliche Abfassen und Aktualisieren einer Roadmap, die ebenfalls den Namen ITRS besitzt. Das gemeinsame Formulieren und kontinuierliche Aktualisieren der Roadmap kann als Roadmapping-Praktik verstanden werden. Die Praktik stellt also auf das kontinuierliche, wechselseitige Abgleichen von technologischen Meilensteinen und Wegen, diese Meilensteine zu erreichen, ab; eine Anstrengung, die Unternehmen der Halbleiterindustrie in kooperativer Weise verfolgen, um im Sinne des Open-Innovation- (Chesbrough 2003) bzw. Open-Strategy-Ansatzes (Whittington et al. 2011) Forschungs- und Entwicklungsaktivitäten zu bündeln und dabei Risiken und Unsicherheiten auch gemeinsam und nicht nur isoliert bewältigen zu können. So erfolgt eine Auseinandersetzung mit **Risiken**, indem technologische Reifegrade und Leistungsparameter quantifiziert und damit fiktiv kalkulierbaren Risikomessungen unterzogen werden können. Dies geschieht mit Blick auf karbonbasierte Technologien (kurz CMOS; Complementary Metal-Oxide-Semiconductor). Vereinfacht formuliert dominiert dieses technologische ‚Paradigma' die Entwicklung in der Halbleiterindustrie. Einer der Intel-Mitbegründer, Gordon Moore, formulierte das sog. Moore'sche Gesetz im Jahr 1965 (Moore 1965). Dabei handelt es sich um keine naturwissenschaftliche Beobachtung. Vielmehr weist das Moore'sche Gesetz den Charakter einer Geschäftsmodellprognose auf, nach der sich die Leistungsfähigkeit der Halbleiterspeicherchips alle 18-24 Monate verdoppelt. Dieser Prognose folgt seitdem die Halbleiterindustrie und versucht weder zu schnell zu sein, noch das Moore'sche Gesetz zu unterschreiten, um so die Börsenkurserwartungen zu erfüllen; ein sozialer Aushandlungsprozess der über die letzten rund 50 Jahre erstaunlich konsequent fortgeschrieben wurde.

Allerdings kommt es in der Halbleiterindustrie Sydow und Müller-Seitz (im Druck) zufolge auch immer wieder zum Umgang mit genuiner Unsicherheit. Denn so sind sich die Akteure bewusst, dass das technologische CMOS-Paradigma an Grenzen stößt. So wird erwartet, dass bis ca. zum Jahr 2025 die Skalierung bis zur atomaren Ebene fortgeschritten sein wird. Aus heutiger Sicht ist dies eine aus Sicht der physikalischen Forschung nicht mehr unterschreitbare Grenze für die Skalierungsbemühungen. Dies hat zur Folge, dass die Akteure der Halbleiterindustrie nicht nur mit Risiken mit Blick auf CMOS-Technologieentwicklungen konfrontiert sind, sondern sich auch mit **Unsicherheit** hinsichtlich der bis dato unbekannten technologischen Entwicklungen nach CMOS auseinandersetzen müssen, wofür passenderweise von den Halbleiterindustrievertretern selbst der Ausdruck ‚Beyond CMOS' ins Leben gerufen wurde. Die Unsicherheit betrifft dabei nicht nur die technologische Dimension mit Blick auf das, was CMOS folgt, sondern Beyond CMOS impliziert auch eine Unsicherheit, mit welchen Industrieakteuren perspektivisch kooperiert werden soll, weshalb Sydow und Müller-Seitz (im Druck) in diesem Zusammenhang von partnerspezifischer Unsicherheit sprechen. Interessanterweise wird dabei bewusst Unsicherheit mit Blick auf die möglichen Kooperationspartner geschürt, indem zu Sitzungen der ITRS und anderen Halbleiterforen Akteure eingeladen werden, die keinerlei unmittelbaren Bezüge zur Halbleiterindustrie haben. So werden etwa Vertreter der Biotechnologie- und Nanotechnologiebranchen eingeladen, um mögliche Kooperationspotenziale und technologische Entwicklungsszenarien zu erörtern. Ein solches Induzieren von Unsicherheit durch Hinzuladen bis dato unbekannter Akteure kann also im Gegensatz zum Verringern von technologischen, kalkulierbaren Risiken als eine Form des Umgangs mit unkalkulierbarer Unsicherheit ausgelegt werden. Daher kann im Fall des Roadmappings von einer Praktik des interorganisationalen Umgangs mit Risiken und Unsicherheiten die Rede sein.

Basierend auf dem vorgelegten Verständnis eines Umgangs mit Risiken und Unsicherheiten ist nun noch, wie angekündigt, diesbezüglich näher die Bedeutung von Kunst bzw. Künstlern zu betrachten. Wie mit Blick auf Insiders Technologies bereits erläutert, kann Kunst im positiven Sinne ‚Unsicherheit' – konzeptionell vergleichbar mit dem beabsichtigten Erwirken von Unsicherheit hinsichtlich Beyond

CMOS in der Halbleiterindustrie – induzieren bzw. zumindest zu Diskussionen anregen oder mentale Freiräume für radikale Innovationen eröffnen.

Unter Rekurs auf die Überlegungen von Müller-Seitz und Weiss (2018) lässt sich festhalten, dass Kunst und Innovation sich wechselseitig bedingen können. Für das Feld der Wissenschaft zeigen die Autoren am Beispiel des Künstlers Leonardo da Vinci auf, inwiefern sich Kunst und Wissenschaft wechselseitig beeinflussen können.

Wie aus nachstehender Darstellung ersichtlich, lässt sich anhand des Beispiels von Leonardo da Vinci eine Symbiose von Kunst und Wissenschaft nachzeichnen. Denn sowohl die wissenschaftlichen Studien da Vincis (z. B. das Sezieren von Leichen) informierten sein künstlerisches Werk, wie auch umgekehrt die von ihm entwickelte, künstlerische Sfumato-Technik sein wissenschaftliches Oeuvre bereicherte. Zu einer Verschmelzung von Kunst und Wissenschaft kam es schließlich mit Blick auf Überlegungen zum ‚goldenen Schnitt', bei dem geometrische Überlegungen und ästhetische Gedanken mit Blick auf seinen Lebensgefährten sich wechselseitig informierten.

Richtung der Wirkeffekte	Beispiele aus dem Werk von Leonardo da Vinci
Wissenschaft → Kunst	Verbotene und im Verborgenen durchgeführte anatomische Studien an Leichen informieren das künstlerische Werk da Vincis, indem seine Malerei (z. B. die Mona Lisa) auch im Detail sehr realitätsnah ausgestaltet sind.
Kunst → Wissenschaft	Durch die Sfumato-Technik rückt da Vinci bis dato kaum adressierte Themen, wie etwa das Entstehen von Emotionen, in den Mittelpunkt, denen er später in seinen wissenschaftlichen Studien nachforscht.
Kunst ↔ Wissenschaft	Auseinandersetzung mit dem ‚goldenen Schnitt' im Zuge des Zeichnens des vitruvianischen Menschen.

Darst. 4.9: Interdependenzen zwischen Kunst und Wissenschaft am Beispiel von Leonardo da Vinci.
Quelle: Müller-Seitz und Weiss (2018), 24.

Ähnliche Beobachtungen zur **Symbiose von Kunst und Wissenschaft** werden teilweise im Bereich der **Programmierung** angestellt. So entwickelte Colton, der Creative Computing an der University of London unterrichtet, ein Softwareprogramm, ‚The Painting Fool', das vom Selbstverständnis her Folgendes leisten kann:

„I'm The Painting Fool: a computer program, and an aspiring painter. The aim of this project is for me to be taken seriously – one day – as a creative artist in my own right. I have been built to exhibit behaviours that might be deemed as skilful, appreciative and imaginative. My work has been exhibited in real and online galleries; the ideas behind my conception have been used to address philosophical notions such as emotion and intentionality in non-human intelligences; and techni-

cal papers about the artificial intelligence, machine vision and computer graphics techniques I use have been published in the scientific literature.“ (Colton 2018)

Das Programm ist u.a. in der Lage, eigenständig Bilder zu kreieren, indem es Emotionen von Menschen auf Bildern erfasst (z.B. auf Fotografien). Diese können anschließend in abstrakte Portraits verwandelt werden, die die betreffenden emotionalen Gemütszustände widerspiegeln, was aus heutiger Sicht (Stand 2018) beeindruckt – oder vielleicht besser formuliert: Noch beeindruckt, je nachdem, wie sich künstliche Intelligenz weiterentwickelt und damit zunehmend Kunstwerke und somit auch das Erschaffen von Neuem durch künstliche Intelligenz möglich wird.

Angesichts dieser Beobachtungen soll als **Zwischenfazit** mit Blick auf die Kontur des Umgangs mit Risiko und Unsicherheit Folgendes festgehalten werden: Kalkulierbare Risiken und noch mehr unkalkulierbare Unsicherheit werden sowohl bei Insiders Technologies als auch in anderen Bereichen der Wirtschaft nicht ausschließlich als negative Bedrohung interpretiert. Vielmehr kann vor allem Unsicherheit ein Antrieb und eine Inspirationsquelle sein (vgl. ähnlich Adler 2015), beispielsweise in Form des Strebens nach radikalen Innovationen wie im Fall von Beyond CMOS in der Halbleiterindustrie. Ähnlich verhält es sich mit Blick auf das Erschaffen von Neuem, wie es im Fall von Brixys expressionistisch geprägten Werken geschieht. Auch Brixy ist mit der Unsicherheit konfrontiert, nicht zu wissen, wie seine Werke am Ende aussehen und hat daher mit Unsicherheit umzugehen.

4.3 Arbeit, Organisation und Kommunikation im digital transformierten Unternehmen

Um die ‚DNA‘ von Insiders Technologies genauer zu verstehen, ist nun zunächst kurz auf ein Grundprinzip des Unternehmens einzugehen, und zwar die wertschätzende Haltung gegenüber Mitarbeitern (4.3.1). Diese Haltung prägt das Unternehmen nachhaltig und wirkt sich auch auf das partnerschaftliche Verhältnis mit Kunden, Partnerunternehmen und Zulieferern von Insiders Technologies aus.

Aufbauend auf diesem Grundverständnis werden sodann ausgewählte, markante Facetten der Mitarbeiterführung und -förderung (4.3.2) erläutert, zwei Aspekte, die symbiotisch miteinander verwoben sind und die Grundlage für den anhaltenden Erfolg des Unternehmens darstellen. Anschließend wird noch auf die allgegenwärtige Unternehmens- bzw. Innovationskultur eingegangen, die das alltägliche Handeln maßgeblich beeinflusst und Innovationen sowie Kreativität in diverser Hinsicht fördert (4.3.3), was abschließend wissenschaftlich reflektiert wird (4.3.4).

4.3.1 Eine wertschätzende Haltung als Ausgangspunkt

Eine wertschätzende Haltung bildet den Ausgangspunkt der Unternehmenskultur bei Insiders Technologies. Dies impliziert **Respekt für das Gegenüber**, egal ob es sich dabei um Mitarbeiter, Vorgesetzte, Kollegen oder Kunden handelt.

Dies hat u.a. zur Folge, dass im Einklang mit der noch näher zu erörternden Innovationskultur sowie im Rahmen des Wissensmanagements Fehler ausdrücklich toleriert werden. Dadurch soll der Mut unter den Mitarbeitern gefördert werden, der notwendig ist, um **Risiken einzugehen und Fehler einzugestehen**. Nur auf der Basis wechselseitigen Vertrauens können sich Mitarbeiter auch wohl fühlen und den Mut haben, möglicherweise Fehler zu begehen.

Wie auch noch am Beispiel des Design Thinking zu erläutern sein wird, werden Prozesse des Scheiterns als Chance wahrgenommen, aus den begangenen Fehlern zu lernen. Eine solche Haltung ist unabdingbar, da bei Insiders Technologies bewusst danach gestrebt wird, immer wieder technologische Innovationen hervorzubringen. Dass in diesem Zusammenhang nicht jede anfänglich vage Idee zu einem am Markt erfolgreichen Produkt wird, verwundert niemanden. Entscheidend ist daher auch vielmehr die grundsätzliche Wertschätzung, dass Fehler als Geschenke zu betrachten sind, aus denen gelernt werden kann.

Im Zusammenhang mit dem Prinzip der Wertschätzung steht auch unmittelbar die Arbeitsform der **Projekt- und Teamarbeit**, die stark auf der Idee der Selbstorganisation basiert. Denn eine produktive Selbstorganisation wäre ohne wechselseitigen Respekt und Vertrauen nicht denkbar. Insofern liefert wechselseitige Wertschätzung letztlich auch einen essenziellen Beitrag zum Unternehmenserfolg.

Eng verknüpft mit den voranstehenden Beobachtungen ist auch das Bekenntnis zur **Diversität**. Ein werteorientierter Umgang innerhalb der Organisation und gegenüber Kunden, Partnern und Wettbewerbern benötigt auch Respekt gegenüber unterschiedlichen Geschlechtern, Kulturen und Nationalitäten. Eine solche Aufgeschlossenheit führt zu gelebter Diversität, die auf Wertschätzung basiert und somit im Arbeitsalltag eine Orientierung bietet (vgl. nachstehende Darstellung).

Darst. 4.10: Wertschätzung gegenüber Vielfalt im Unternehmen als Ausgangspunkt der Unternehmenskultur bei Insiders Technologies.
Quelle: Insiders Technologies (2018).

Als Motivation hierfür lässt sich nebst der generellen Offenheit gegenüber Diversität anführen, dass so auch kontraproduktiver Konformität vorgebeugt werden kann. Gruppendruck aufgrund von Mehrheitsmeinungen soll so im Idealfall erst gar nicht aufkommen und generell vermieden werden.

4.3.2 Mitarbeiterführung und -förderung

Um die oben erläuterten Werte und Grundannahmen des Unternehmens auch im Alltag umsetzen zu können, sie also tatsächlich zu ‚leben', bedarf es entsprechender Personalmanagementkonzepte, die aus abstrakten Prinzipien ganz konkrete Verhaltensweisen erwachsen lassen. Hierzu gehören mittlerweile auch im Mittelstand etablierte Instrumente, wie etwa eine flexible Arbeitszeitgestaltung und die Möglichkeit zur Home-Office-Arbeit, verbunden mit einer Orientierung an den Arbeitsergebnissen.

Nachstehend soll jedoch das Hauptaugenmerk auf besondere Merkmale der Mitarbeiterführung und -förderung gelegt werden. Gleiches gilt für die Projektorientierung und die Abkehr von strikt hierarchisch gegliederten Organisationsstrukturen. Diese Merkmale sollen als Illustration dafür dienen, wie es Insiders Technologies gelingt, als mittelständisches Unternehmen den im Zuge der digitalen Transformation verschärften Wettbewerb um die talentiertesten Mitarbeiter für sich zu entscheiden. Dafür wollen wir zunächst auf das Aus- und Weiterbildungskonzept bei Insiders Technologies eingehen. Anschließend erfolgt eine Erörterung des Menschenbildes, welches sich letztlich auch im Talentmanagement als einem weiteren Aspekt des Personalmanagements widerspiegelt.

Die Aus- und Weiterbildung stellt naturgemäß einen Schwerpunkt für Insiders Technologies als mittelständisches Unternehmen dar. Natürlich sind Mitarbeiter für jede Organisation von zentraler Bedeutung. Doch gerade für Insiders Technologies als innovationsorientiertes Unternehmen sind die Fokussierung auf den Mitarbeiternachwuchs sowie die Förderung von Talenten zentrale Anliegen.

Um auf das Talentmanagement näher eingehen zu können, soll noch kurz das **Ausbildungskonzept ‚Insiders-Talent-Programm'** beschrieben werden, welches sich in Teilen markant von gängigen Personalentwicklungskonzepten unterscheidet. Hier lassen sich **vier interdisziplinäre Kompetenz-Säulen** identifizieren, die gezielt Theorie und Praxis im Rahmen der Ausbildung des Nachwuchses von Insiders Technologies verbinden:

- **1. Säule: Theoretische Basis**. Die fachliche Ausbildung stellt naturgemäß das zentrale Anliegen eines jeden Curriculums dar. Die für Insiders Technologies relevanten Inhalte, wie beispielsweise Programmiersprachen im Fall von Informatikern oder Managementthemen bei angehenden Betriebswirten werden durch das Einschreiben an einer Universität, Fachhochschule oder im Rahmen der Ausbildung bei einer IHK vermittelt.
- **2. Säule: Praxisbezogenes Lernen**. Der Nachwuchs erhält nicht nur Einblicke in die Arbeit bei Insiders Technologies, sondern wird auch unmittelbar in operative Aktivitäten eingebunden. Hierdurch lernen die Nachwuchstalente bereits in diesem frühen Stadium, Verantwortung im Rahmen des projekt- und teambezo-

genen Alltagsgeschäfts zu übernehmen. Das Rotieren zwischen verschiedenen Fachabteilungen führt dazu, dass der Nachwuchs ein möglichst umfassendes Verständnis des Unternehmens erhält. Dies stellt auch einen wesentlichen Unterschied zu Ausbildungskonzepten in Großkonzernen dar, in denen aufgrund der vielen Hierarchieebenen und ausdifferenzierten Organisationsstrukturen kaum ein solch genereller Überblick zu erhalten ist.

- **3. Säule: Unternehmerische Schlüsselkompetenzen**. Die Vermittlung von Präsentationstechniken, Emotional- und Sozialkompetenz sowie unternehmerischen Fähigkeiten (z. B. Personalführung) bildet die dritte Säule. Führt man sich erneut die Unternehmenskultur von Insiders Technologies mit dem Schwerpunkt auf räumliche und mentale Offenheit sowie Selbstorganisations- und Kooperationsfähigkeit vor Augen, so wird die hohe Bedeutung dieser unternehmerischen Schlüsselkompetenzen klar. Sie sind nämlich integraler und allgegenwärtiger Bestandteil der Ausbildung, da sie dafür sorgen, dass die Unternehmenskultur auch tatsächlich gelebt wird. Insofern sind sie unabdingbar für die Entwicklung innovativer Produkte sowie die konsequente Kundenorientierung bei Insiders Technologies.
- **4. Säule: Persönlichkeitsentwicklung durch ‚Mehr Wissen – Weiter denken'**. Dieses Motto stammt von Eduard Zwierlein (vgl. auch Zwierlein 1994), demzufolge die Auszubildenden ganzheitlich als Persönlichkeiten respektiert und weiterentwickelt werden sollen. Griffiger formuliert, stehen der Mensch und

Darst. 4.11: Projektorientiertes Outdoor-Lernen im Rahmen der Insiders Technologies Summer School.
Quelle: Insiders Technologies (2018).

dessen Erfahrungen und Sinneswahrnehmungen im Mittelpunkt eines Lernprozesses. Die Auszubildenden sollen lernen, sich nicht nur frei entfalten zu können, sondern auch die jeweiligen Aktivitäten aktiv zu reflektieren, was sich unmittelbar in einem unkonventionellen Ausbildungsangebot im Rahmen dieser vierten Säule niederschlägt. Angebote entsprechend des Mottos ‚Mehr Wissen – Weiter denken' werden in einem vierwöchigen Turnus in Form gesonderter Veranstaltungen für duale Studierende und IHK-Auszubildende angeboten. Die Veranstaltungen bieten die Möglichkeit, in Diskussionsforen und in Form von Gruppenarbeiten Inhalte außerhalb des Arbeitskontextes zu erarbeiten und zu reflektieren.

Illustrativ sei hierbei auf den Besuch eines Dunkelrestaurants verweisen, der im wahrsten Sinne des Wortes die Sinne schärfen und zugleich die Sensibilität und Achtung für blinde Menschen fördern soll. Ähnliches gilt für kreatives Lernen im Freien (vgl. hierzu voranstehende Darstellung), sei es durch Aktivitäten wie etwa das Klettern im Hochseilgarten, das Auffinden von Fährten mittels Geocaching oder gemeinsames Wandern.

Getragen werden diese gemeinschaftlichen Erlebnisse oft durch Workshops in besonderem Ambiente, wie z. B. am Wallfahrtsort Maria Rosenberg, genauer im dortigen Kloster in Waldfischbach-Burgalben. Die intensiv-spirituelle Erfahrung in unkonventioneller Atmosphäre fördert die Entwicklung der Auszubildenden und die damit einhergehende Sozialisation hinein in die Unternehmenskultur von Insiders Technologies nachhaltig.

Auch mit Blick auf das Ausbildungskonzept ist festzuhalten, dass Insiders Technologies hier eine Vorreiterrolle einnahm. Während heutzutage viele Unternehmen vergleichbare Inhalte anbieten, etwa sog. Boot Camps bei Eintritt in das Unternehmen, wird die vierte Säule weitaus seltener in Ausbildungsplänen zum Einsatz gebracht. Dabei ist gesondert hervorzuheben, dass Insiders Technologies diese vier Säulen in der Ausbildung bereits seit 2009 implementiert hat und dieses innovative Konzept somit bereits über ein Jahrzehnt hinweg besteht.

Ein weiteres Herzstück der Führungs- und Unternehmenskultur nebst der Ausbildung betrifft die Weiterbildung, genauer die **Investition in vorhandene Talente**. Im Einklang mit der wertschätzenden Grundhaltung wird jede Person als Individuum behandelt und respektiert. Herausforderung des Personalmanagements ist es nunmehr, die **Stärken der Mitarbeiter zu stärken**. Diese sind naturgemäß individuell sehr unterschiedlich und lassen sich teilweise erst im Rahmen der Projektarbeit bei Insiders Technologies im Detail erkennen.

Um dieser Herausforderung zu begegnen, wird bei Insiders Technologies die Idee der **T-shaped Talents** verfolgt (vgl. nachstehende Darstellung unter Rekurs auf Heinlein und Weiss 2017). Diese resultiert letztlich aus den Grundideen des interdisziplinären Vier-Kompetenzsäulen-Ansatzes.

So bezieht sich die obere, horizontale Achse des T sinnbildlich auf generalistisches Wissen. Zu denken wäre hier beispielsweise mit Blick auf unternehmerische Schlüsselkompetenzen an Präsentationstechniken oder Zeit- und Selbstmanagementtechniken. Demgegenüber stellt der vertikal verlaufende Teil des T darauf ab, dass sich jede Person auf Basis ihrer individuellen Stärken auf bestimmte Bereiche

Darst. 4.12: Die Idee des Kompetenzprofils von T-shaped Talents.
Quelle: Insiders Technologies (2017) zitiert nach Heinlein und Weiss (2017), 254.

spezialisiert, etwa Deep Learning aus informatikgetriebener Perspektive oder Projekt- und Produktkompetenzen aus Sicht des umsetzungsorientierten Consultings.

Um im Wettbewerb um junge Talente reüssieren zu können, setzt Insiders Technologies auch auf eine frühe Bindung. Dies geschieht nicht nur inhaltlich. Vielmehr werden auch finanzielle Incentivierungsmechanismen in Anschlag gebracht. So erhalten die Studierenden und Auszubildenden von Beginn an ein Gehalt.

In Summe führen die angeführten Personalentwicklungsmaßnahmen und Anreize dazu, dass Insiders Technologies auch überregional Aufmerksamkeit erhält. Die mehrfache Ehrung als einer der **TOP 100-Innovatoren deutscher mittelständischer Unternehmen** ist nicht zuletzt auf das Schaffen hervorragender Rahmenbedingungen für den Unternehmensnachwuchs zurückzuführen. Die Rahmenbedingungen resultieren zum Teil auch aus der Art und Weise der Mitarbeiterführung und -förderung. Dies führt letztlich zu einer besonderen Unternehmens- und Innovationskultur, die im Folgenden näher beschrieben werden soll.

4.3.3 Gelebte Unternehmens- und Innovationskultur

Wie bereits wiederholt angedeutet, ist die unternehmensweite Kultur vorrangig durch eine **Ausrichtung an Innovationen** gekennzeichnet. Dies wird von der **Geschäftsführung und den Führungskräften vorgelebt**.

Allerdings ist es keine einseitige Initiative, die ‚top-down' vorgelebt, aber auf anderen Unternehmensebenen ignoriert wird. Vielmehr wird die Innovationskultur auch ‚bottom-up' täglich gelebt. Ein Leitgedanke, der neu eintretenden Mitarbeitern von Beginn an vermittelt wird, ist die **Vision, dass jeder Mitarbeiter pro Tag eine Idee entwickeln und vorantreiben kann**. Dieser Leitgedanke verdeutlicht, dass die Mitarbeiter kontinuierlich zu Innovationen ermutigt werden, was auch im Einklang mit einer hohen Fehlertoleranz steht, die u. a. auch noch beim Design Thinking thematisiert wird.

Anders formuliert ließe sich festhalten, dass der **Mitarbeiter als Unternehmer im Unternehmen** wahrgenommen wird. Diese Geisteshaltung steht mit dem Leitgedanken der Mitarbeiterführung und -förderung im Einklang und hat unterschiedliche Ausprägungen. Innovative Ideen können daher jederzeit mit der Unternehmensleitung besprochen werden. Für diese und andere dringende Fälle sind sämtliche Kontaktdaten aller Führungskräfte und der Geschäftsführung verfügbar. Diese Transparenz und das damit einhergehende Vertrauen in die Fähigkeiten, die Eigenständigkeit und das Augenmaß der Mitarbeiter sind zentrale Merkmale der Unternehmens- bzw. Innovationskultur von Insiders Technologies.

Die Innovationskultur spiegelt sich also auf **jeder Unternehmensebene** wider. So existiert bei Insiders Technologies konsequenterweise auch keine separate Innovationsabteilung. Vielmehr wird je nach Themenlage auf Projekt- und Teambasis daran gearbeitet, Innovationen zu generieren. Die Zusammensetzung und Leitung von Projektteams erfolgt sodann auch fallweise je nach Expertise. Ein enges Rollenkorsett ist bei Insiders Technologies nicht wiederzufinden, stünde es doch auch nicht im Einklang mit den hier vorgetragenen Merkmalen der an Innovationen und Selbstorganisation orientierten Unternehmenskultur. Hierdurch soll auch eine Wahrnehmung für den ständigen, nicht zuletzt durch die digitale Transformation befeuerten Wandel geschaffen werden und so dem Verharren auf vergangenen Erfolgen mit Blick auf Pfadabhängigkeiten vorgebeugt werden.

Somit hat die Unternehmens- bzw. Innovationskultur bei Insiders Technologies auch noch einen weiteren positiven Wirkeffekt: Die **Komplexitätsreduktion**. Denn die Kultur trägt mit Rekurs auf Luhmann (1984) auch zu einem gemeinsamen Verständnis der Organisationsmitglieder bei. Unter bewusstem oder unbewusstem Rückgriff auf das gemeinsam geteilte Verständnis der Innovationsorientierung wiederum können sich die Mitarbeiter einfacher untereinander abstimmen und Vertrauen aufbauen. Dies hat zur Folge, dass Koordinationsprozesse in der Organisation reibungsloser verlaufen. Ein konkretes Beispiel hierfür sind regelmäßig stattfindende Anwendertreffen oder Produktgruppen, die Insiders Technologies lanciert, um nicht nur organisationsintern, sondern auch ein mit den Kunden geteiltes Grundverständnis zu erhalten und Vertrauen zueinander aufzubauen.

Wie noch näher zu erläutern sein wird, manifestiert sich die Innovationskultur sowohl anhand greif- und sichtbarer Phänomene, wie etwa der Ausgestaltung der Räumlichkeiten. Es ist aber gerade auch das tägliche Miteinander (vgl. hierzu auch die vorherigen Ausführungen zur Mitarbeiterführung und -förderung), das die Innovationskultur auszeichnet. Um Einblicke in die Unternehmenskultur zu erhalten, kommt es daher nun zur Vorstellung des Design Thinking, einer bei Insiders Technologies kontinuierlich angewandten Innovationsmethodik. Außerdem wird abschließend noch auf die Förderung des Team- und Sportgeistes eingegangen; eine weitere Facette, die für Insiders Technologies kennzeichnend ist und indirekt auch zum Wohlbefinden der Mitarbeiter und zum Teambuilding beiträgt.

Wie kann nun durch eine Innovationskultur Neues geschaffen werden? Ein wesentlicher Ansatzpunkt ist das Ermöglichen von – im wahrsten Sinne des Wortes sowie im übertragenen Sinne – **Kreativitätsfreiräumen**. Einerseits werden Kreativitätsfreiräume geschaffen, indem unternehmenskulturell keinerlei mentale Barrieren existieren, wie neue Innovationen aussehen könnten. Jede noch so kühne Idee wird respektiert und es wird ihr zunächst einmal nachgegangen.

Darst. 4.13: Die konsequent am Design Thinking orientierten Berliner Räumlichkeiten von Insiders Technologies.
Quelle: Insiders Technologies (2018).

Andererseits gilt es festzuhalten, dass die **Räumlichkeiten** selbst auch im Einklang mit der Führungs- bzw. genereller der Unternehmens- und Innovationskultur stehen. An dieser Stelle sei in diesem Kontext die bewusste Wahl der Backfabrik für die Berliner Räumlichkeiten von Insiders Technologies erneut hervorgehoben. Wie bereits mit Blick auf künstlerische Elemente zuvor betont, passen nämlich abgeschottete Einzelbüros und ein grauer Büroalltag kaum zu dem Streben, ein führender Innovator zu sein. So sind die Büroräume von Insiders Technologies keine monotonen, rein funktional ausgestalteten Örtlichkeiten. Der typische Großraumcharakter vieler Unternehmen wird aus Überzeugung heraus bewusst vermieden. Vielmehr wird auf teilweise sogar selbst entworfene Räumlichkeiten und Möbelstücke zurückgegriffen, die die offene und kreative Innovationskultur sichtbar widerspiegeln. Die voranstehende Darstellung zeigt die Räumlichkeiten der Berliner Niederlassung von Insiders Technologies. Berlin als Standort wurde dabei bewusst als kreativer Hotspot gewählt, da Berlin viele junge Talente und ‚Digital Natives' anzieht, weshalb die Räumlichkeiten durchaus zu Insiders Technologies passen.

Die **Liebe zum Detail bei der Ausgestaltung der Räume** ist Unternehmensgründer Werner Weiss vor allem auch deshalb ein Herzensanliegen, weil die Räumlichkeiten sowie die Möbelstücke dazu beitragen sollen, dass die Mitarbeiter sich frei austauschen und gemeinsam kreativ tätig werden können. Dies trägt wiederum zum ‚Wir-Gefühl' bei und fördert Teamgeist und Teamkreativität.

Doch nicht nur die Möbelstücke sind bewusst so gewählt, dass Kreativität entstehen kann. Es sind auch **floristische Elemente**, die ins Auge fallen. So werden Deckenpaneele mit Moosflächen versehen, um so zum Denken außerhalb etablierter Muster anzuregen und gleichzeitig ein angenehmes Raumklima zu schaffen.

Die Rolle von **Kunst** als Stilmittel wurde bereits erörtert, soll hier jedoch noch einmal aus anderer Perspektive touchiert werden. So stellen Kunstobjekte bzw. Bilder nicht nur eine Möglichkeit der Irritation und Initiierung von Dialogen dar. Vielmehr erhält Kunst insofern auch eine bedeutsame Rolle, als viele Lösungen, die Insiders Technologies entwickelt, durch unterstützende Visualisierungen generiert werden (vgl. ähnlich Nicolini 2007). Dies gilt nicht nur für organisationsinterne Arbeitsprozesse, sondern auch u. a. für den Kundendialog. Dort sind Visualisierungen relevant, um gemeinsame Inhalte zu erarbeiten, zu dokumentieren und weiter zu kommunizieren sowie zu modifizieren. Diese Beobachtung bestärkt abermals die unterstützende Wirkung von Kunst.

Visualisierungen spielen schließlich auch eine zentrale Rolle beim **Design Thinking**. Diese **Innovationsmethodik** wird nun näher erläutert, da sie, wie eingangs angedeutet, als Instrument zur Ideengenerierung weit verbreitet ist und zugleich ein zentrales Element der Innovationsfokussierung von Insiders Technologies darstellt.

Das **Grundanliegen des Design Thinking** als Methodik kann wie folgt vorgestellt werden: Die lineare Vorstellung eines Phasenmodells des Innovationsprozesses wird zunehmend von Studien im Bereich des Technologie- und Innovationsmanagements sowie aus der Kreativitätsforschung kritisiert. Ein Ansatz, der gezielt dieses lineare Denken in sequenziell verlaufenden Innovationsphasen infrage stellt und aufbricht, ist das Design Thinking. Zwar handelt es sich dabei keineswegs um eine völlig neue Methode. Allerdings ist die zunehmend positive Resonanz gegenüber diesem Konzept in der Unternehmenspraxis ein Indiz dafür, dass nicht-lineare, intuitive Kreativitätstechniken zu Innovationssprüngen verhelfen können.

Die nachstehenden Ausführungen beziehen sich auf gemeinsam abgehaltene Veranstaltungen der beiden Verfasser dieser Monographie. Grundlagen und Details des Design Thinking können der Literatur von Vertretern dieses Ansatzes (z. B.

Kelley und Kelley 2015) sowie Beiträgen zur kritischen Reflexion dieses Ansatzes entnommen werden (Corsten et al. 2016).

Darst. 4.14: Die Design-Thinking-Methode setzt auf Interaktion und Visualisierungen. Quelle: Insiders Technologies (2018).

Vorneweg gilt es zu beachten, dass beim Design Thinking bewusst darauf gesetzt wird, visuell und haptisch zu arbeiten und mithin Prototypen zu entwickeln (vgl. voranstehende Darstellung). Eng damit verbunden ist die Annahme, dass es wichtig ist, permanent die stetig verbesserten Prototypen zu testen, um aus Fehlern lernen zu können.

Der Design-Thinking-Prozess kann entlang von **sechs miteinander verbundenen Elementen oder Phasen** gedacht werden, die nicht sequenziell aufeinander folgen müssen bzw. sollten, sondern eher durch iterative Zyklen gekennzeichnet sind (Plattner et al. 2009):

- **Understand**: In dieser Phase ist es bedeutsam, dass versucht wird, im jeweiligen Team ein gemeinsames Verständnis der Ausgangssituation zu erhalten. Dabei sollen so gut es geht vorangegangene Erfahrungen ausgeblendet werden, um ein möglichst unvoreingenommenes Bild von der Situation bzw. dem Problem zu erhalten.

  An dieser Stelle sei hervorgehoben, dass beim Design-Thinking-Prozess keinesfalls die oder der durchschnittliche Nutzende anvisiert wird. Es geht vielmehr darum – ähnlich wie bei der Identifikation von Lead-Usern – vor allem auch ungewöhnliche, teilweise sogar extreme Nutzer zu identifizieren.

  Beispielsweise könnte darüber reflektiert werden, wie sich ein Krankenhauspatient fühlt, der auf einer Liege in einem Krankenhaus hin- und hertransportiert wird. Für die Produkte von Insiders Technologies wäre es hingegen interessant zu verstehen, wie ein Versicherter den Kundenservice einer Versicherung nutzt.

- **Observe**: Im Rahmen der Phase des Beobachtens stehen die aktuellen bzw. potenziellen Nutzer im Vordergrund. Es wird der Versuch unternommen, bestmöglich zu dokumentieren, wie die Zielgruppe in der jeweiligen Situation agiert. Hierzu können einzelne Personen oder ganze Gruppen beobachtet werden, je nachdem, wie es die Aufgabe erfordert.

  Ein weiterer wichtiger Aspekt ist in diesem Zusammenhang das Nachvollziehen bzw. tatsächliche (Mit-)Erleben der Situation aus der Perspektive der Nutzer. Bereits dieses Hineinversetzen in die Situation der Zielgruppe kann wesentliche neue Impulse freisetzen. Als ein Beispiel sei die wortwörtliche **Sicht**weise von Krankenhauspatienten angeführt. Im Gegensatz zu konventionellen Erhebungsmethoden oder -instrumenten (z. B. per Fragebogen im Nachgang an einen Krankenhausaufenthalt) ist es denkbar, mit einer an der Stirn der Personen befestigten Kamera den Klinikalltag festzuhalten (sofern keine ethischen oder rechtlichen Bedenken gegen dieses Prozedere sprechen).

  In der Konsequenz könnte beispielsweise die Idee aufkommen, dass die Decken der Klinik mit mehrsprachigen Verweisen oder auch Piktogrammen zu versehen wären, um so die betroffenen Personen darüber aufzuklären, wo sie sich gerade befinden oder wohin sie transportiert werden. Im Beispiel des Versicherten sollten die Erfahrungen, gleichsam also die ‚Erlebnisse' des Versicherten mit den Serviceleistungen der Versicherung beobachtet und erfasst werden, etwa durch direkte Befragungen, eingeholtes Feedback oder aufgezeichnete Gespräche. So könnte beispielsweise durch lange Wartezeiten des Versicherten der Bedarf nach weiteren Kommunikationskanälen, verlängerten Servicezeiten oder neuen Self-Service-Angeboten evident werden.

  Ein solches Vorgehen bietet den Vorteil, dass so vor allem auch die Emotionen der betroffenen Personen mit eingefangen werden. Dies kann hilfreich sein, um die tatsächlich erlebten Ereignisse besser nachempfinden zu können und so zu verbesserten Produkten bzw. Prozessen mit innovativem Charakter zu gelangen und die Zufriedenheit des Patienten bzw. des Versicherten zu steigern.

- **Point of view**: Zielsetzung dieser Phase ist es, einen Standpunkt einer fiktiven Person oder Nutzergruppe zu generieren. Den Input für diesen Standpunkt bilden die Beobachtungen der vorherigen Phase. Fehlende Informationen können dabei durchaus kreativ – und nicht notwendigerweise analytisch-rational – aus den Beobachtungen abgeleitet werden. Ein systematisch und zielführend herausgearbeiteter Standpunkt bietet einen Fokus für die weiteren Phasen, inspiriert zu Verbesserungen und adressiert vor allem auch Emotionen, und zwar sowohl bei den Analysierenden als auch später bei den (noch zu begeisternden) Nutzern des Produkts bzw. der Dienstleistung.

  Ein methodischer Zugang ist in diesem Zusammenhang das **Storytelling**. Das Vorgehen, um einen Standpunkt mittels Storytelling zu konzipieren, kann dabei in der Beantwortung der nachstehend formulierten Satzanfänge bestehen:

  – *Nutzerbezogene Information*: Wir trafen Nutzer …
  – *Einsichten*: Wir waren überrascht zu entdecken, dass der Nutzer …

  - *Bedarf*: Eine Lösung aus Sicht der Person adressiert vor allem die Herausforderung …

  Ziel ist es, eine Geschichte um die jeweilige Person oder Personengruppe herum zu entwerfen, so dass in der nächsten Phase Ideen generiert werden können, die auf der jeweiligen Geschichte aufbauen.

  Pointiert formuliert ließe sich der Aspekt des **Point of View** sogar noch weiterdenken und mit den Ideen zum Umgang mit Unsicherheit und der Rolle von Kunst verbinden: Denn für den Erfolg von Insiders Technologies ist die Fähigkeit zur Visualisierung maßgeblich. Das Einnehmen der Kunden**sicht**weise ist also essenziell und kann durch **Visualisierungen** zu innovativen Software-Lösungen zur Optimierung von Geschäftsprozessen führen. Anders formuliert wird also auch an dieser Stelle erneut deutlich, dass Kunst als Teil der bei Insiders Technologies gelebten Innovationskultur von vorrangiger Bedeutung ist.

  Die Einnahme der **Sicht**weise der Patienten bzw. der Versicherten könnte daher vor dem Hintergrund des Krankenhaus- bzw. des Versicherungskontextes interessante Rückschlüsse mit Blick auf Produkt- oder Prozessinnovationen für Patienten bzw. Versicherte zulassen.

- **Ideate**: Diese Phase ist klassischen Ideengenerierungstechniken entlehnt und umfasst beispielsweise das Brainstorming oder Brainwriting. In dieser Phase ist es besonders wichtig, möglichst ‚entfernte' Lösungen anzustreben und nicht in etablierten Denkmustern verhaftet zu sein. Aus diesem erweiterten Lösungsraum sollen sodann möglichst viele Ideen für Prototypen generiert werden.
- **Prototype**: Im Zuge des Prototyping sollen die zuvor generierten Ideen in physisch greifbare Modelle umgesetzt werden. Hier wird vor allem der Bezug zur Namensgebung dieses Ansatzes, **Design** Thinking, deutlich. Ein Prototyp kann dabei durchaus noch unfertig sein und aus unterschiedlichsten Materialien bestehen, muss mithin also nicht einem ‚echten' Prototypen entsprechen, der bereits vollständig nutzbar ist und sämtliche denkbare Funktionalitäten abdeckt. Für die Erstellung der Prototypen können beispielsweise Heftnotizen (Post-its) oder LEGO-Steine verwendet werden.

  Im Fall des Krankenhauspatienten könnten beispielsweise wieder abnehmbare Buchstaben und Zeichen bzw. Piktogramme für die Krankenhausdecken angefertigt werden. Im Falle des Versicherten könnte ein Prototyp einer App mögliche Funktionalitäten, wie z.B. das Einscannen und Einreichen von Belegen, simulieren, oder komfortable Self-Services anbieten, z.B. für die Änderung eines Beitrages oder der Kontoverbindung.
- **Test**: In dieser Phase stehen die Rückmeldungen der Nutzer im Mittelpunkt. Wie angedeutet kann hier aus Fehlern gelernt werden, deren Erkenntnisse unmittelbar in den erneuten Prototypen miteinfließen.

  So könnten etwa an den Krankenhausdecken Hinweise oder Piktogramme angebracht werden, um die Reaktion eines oder mehrerer Patienten zu überprüfen. Außerdem könnten durch das Verhalten eines Versicherten bei der Nutzung der App erste Rückschlüsse gewonnen werden.

Als reales Beispiel für einen der zahlreichen Produktentwicklungsprozesse bei Insiders Technologies, bei dem Design Thinking zum Einsatz kam, soll die Weiterentwicklung der vorangehend schon skizzierten Kundenservice-App illustriert werden. Konkret sollten dabei existierende Funktionalitäten, wie etwa das Einscannen und Versenden von Belegen für Krankenversicherungen (smart CAPTURE), um neue Funktionalitäten ergänzt werden. Als eine mögliche Stoßrichtung wurde die Integration einer Chat-Funktion angesehen. Im Rahmen eines Design-Thinking-Workshops wurden sodann Ideen für die Ausgestaltung der Chat-Funktionalität mit sog. Scribbles (Skizzen) festgehalten. Illustrative Scribbles sind in nachstehender Darstellung abgebildet.

Darst. 4.15: Lösungsvorschläge im Rahmen eines Design-Thinking-Workshops zur Integration einer Chat-Funktion.
Quelle: Insiders Technologies (2018).

Wie aus nachstehender Darstellung ersichtlich, folgten dann erste Prototypen, die iterativ weiterentwickelt wurden. Im Ergebnis hat sich später schließlich die Kachelansicht (linker Prototyp) im Gegensatz zu der ‚Bubble-Ansicht' durchgesetzt.

Die Unternehmens- und Innovationskultur bei Insiders Technologies wird durch weitere, **nicht unmittelbar arbeitsbezogene Teambuilding-Maßnahmen** ergänzt. So wird der Austausch untereinander und das Miteinander u. a. durch wöchentliche niedrigschwellige Angebote komplettiert. Zu nennen wären etwa gemeinsame sportliche Aktivitäten wie der Lauftreff, das Squash-Spielen, Kletteraktivitäten oder Headis. Headis ist eine Funsportart, deren Name sich aus den Begriffen Head und Tennis zusammensetzt und faktisch eine Art Kopfballtischtennis darstellt, die interessanterweise in Kaiserslautern, dem Hauptsitz von Insiders Technologies, per Zufall entwickelt wurde.

Eine weitere Initiative lautet **‚We make IT'**. Diese Initiative spielt vom Namen her auf das Arbeitsfeld der Informationstechnologie sowie den Unternehmensnamen an. Im Rahmen der Initiative ‚We make IT' können die Mitarbeiter sog. Credits, also Punkte, auf einem Konto ansammeln, die sie durch Teilnahme an unterschiedlichen Sportaktivitäten oder durch anderweitige gemeinnützige Aktivitäten erhalten. Die Credits werden in Geldbeträge umgerechnet und für soziale Zwecke gespendet.

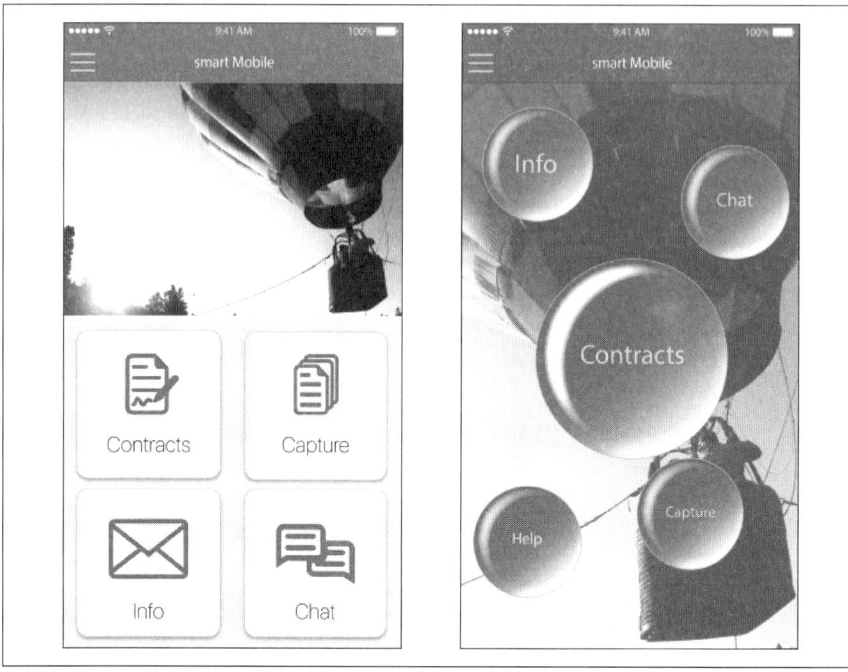

Darst. 4.16: Vorschläge für Prototypen im Rahmen eines Design-Thinking-Workshops zur Integration einer Chat-Funktion.
Quelle: Insiders Technologies (2018).

Schließlich sei noch erwähnt, dass bei Insiders Technologies auch immer wieder **Kunden- und Partnerveranstaltungen** fachliche Einblicke und zugleich spektakuläre Gastredner bieten. Nebst der Vorstellung von innovativen Produkten und des Angebots zum Erfahrungs- und Informationsaustausch rund um die Produkte und Lösungen von Insiders Technologies werden prominente Gastredner eingeladen, wie etwa der Bergsteiger Reinhold Messner, der Forschungspionier Bertrand Piccard (u. a. umrundete er als erster Mensch die Welt mit einem Heißluftballon und entwickelte ein rein solargetriebenes Flugzeug, Solar Impulse) oder der Arzt und Komiker Dr. Eckart von Hirschhausen. Die Gastredner teilen bei den Veranstaltungen basierend auf ihren Erfahrungen innovatives und unternehmerisches Denken und dienen so als weitere Inspirationsquelle für Kunden, Partner und Mitarbeiter.

Als **Zwischenfazit** lässt sich an dieser Stelle festhalten, dass die Innovationskultur durch gezielte Maßnahmen der Mitarbeiterführung und -förderung ergänzt wird. Erst das Zusammenspiel der unterschiedlichen Facetten dieser beiden Aspekte erklärt vor dem Hintergrund der wertschätzenden Haltung, wie die DNA von Insiders Technologies ausgestaltet ist und wie hierdurch ein Beitrag zum Unternehmenserfolg geleistet wird.

4.3.4 Wissenschaftliche Interpretation und Reflexion

Das Themenfeld der Mitarbeiterführung und -förderung stellt ein etabliertes Forschungsfeld des Personalmanagements dar. Allerdings gilt es zu konstatieren, dass positive Phänomene wie Achtsamkeit, Talentmanagement oder eine Stärkenorientierung, wie sie bei Insiders Technologies im Fokus stehen, vergleichsweise selten Beachtung finden (vgl. hierzu ähnlich Ringlstetter et al. 2010). Die Konzentration auf negative Phänomene in Forschung und Praxis ließe sich beispielsweise mit der vermeintlichen Dringlichkeit (z. B. stehen gerade nach gesellschaftlichen Krisen, wie etwa Kriegen, therapeutische Interessen im Vordergrund) sowie ethisch-medizinischen Erwägungen (z. B. im Fall von Burnout-Erscheinungen) rechtfertigen. Personalmanagementmaßnahmen sind vor diesem Hintergrund als primär reaktiv im Sinne einer ‚Feuerlöscher'-Funktion einzustufen.

Mit Blick auf die vorgestellten empirischen Evidenzen des Personalmanagements bei Insiders Technologies wollen wir uns nun kurz, im Anschluss an Ausführungen zur Achtsamkeit hinsichtlich der wertschätzenden Grundhaltung, dem Themenfeld des positiven Managements widmen, insbesondere Aspekten eines an Stärken orientierten Talentmanagements sowie organisationskulturellen und sozialisationsbezogenen Fragestellungen. Im Vergleich zu dem Reagieren auf Krisen und anderweitige Missstände kann das Konzentrieren auf positive Phänomene als eine proaktive Form des Personalmanagements begriffen werden.

Die wertschätzende Grundhaltung kann als eine grundsätzliche Grundannahme der Organisation interpretiert werden. In der Organisations- und Personalforschung lassen sich hier Parallelen zu dem sog. **Appreciative-Inquiry-Ansatz** wiederfinden (Cooperrider und Sekerka 2003; Lopes et al. 2008). Dieser Ansatz thematisiert explizit die Wertschätzung im Organisationsalltag und versucht die positiven Aspekte des Arbeitsalltags in den Mittelpunkt zu rücken. Diese Forschungsrichtung steht damit im Einklang mit früheren Beobachtungen, dass die Konzentration auf positive Phänomene weitaus produktiver und ‚emotional gesünder' als die Fokussierung auf negative Phänomene in Organisationen sein kann (Jackson und Dutton 1988). Die wertschätzende Haltung und das erörterte Entgegenbringen von Vertrauen, welches sich u. a. in der Fehlertoleranz beim Streben nach Innovationen bei Insiders Technologies manifestiert, steht letztlich auch im Einklang mit klassischen Menschenbildern, etwa der Theorie Y von McGregor (1960). Im Gegensatz zu seinem Menschenbild einer Theorie X, stellt die Theorie Y auf eine positive Wahrnehmung des Menschen durch Vorgesetzte ab. Folgt man McGregors Ausführungen zur Theorie Y, so unterstellen Führungskräfte, dass Mitarbeiter sich grundsätzlich positiv und produktiv bei der Arbeit einbringen wollen und auch willens sind, kreative Lösungen für Probleme zu entwickeln. Mit Blick auf das Menschenbild sind also diverse deutliche Parallelen zur wertschätzenden Haltung bei Insiders Technologies zu verzeichnen.

Die **Orientierung an positiven Phänomenen** im Organisationsalltag ist ein Anliegen, dem sich die Forschungsrichtungen des **Positive Organizational Scholarship** (Cameron et al. 2003) und **positiven Managements** (Ringlstetter et al. 2010) unter Rekurs auf die positive Psychologie (Seligman und Csikszentmihalyi 2000) angenommen haben. Zentrales Anliegen dieser Forschungsrichtungen ist es, positive

Phänomene – verstanden als produktiv und gleichzeitig als durch Mitarbeiter angenehm wahrgenommen (Müller-Seitz 2008) – in den Mittelpunkt der Forschung zu rücken. Dies wird dadurch motiviert, dass dem (Personal-)Management allzu häufig eine ‚Feuerlöscher'-Funktion zukommt. Denn wie bereits angedeutet werden vielfach negative Phänomene (z. B. Streitigkeiten, Burnout-Symptome etc.) priorisiert behandelt. Allerdings handelt sich bei dem Grundanliegen des Positive Organizational Scholarship und des Positiven Managements keinesfalls um ein rein an Forschungslücken orientiertes Interesse. Es sprechen auch diverse ökonomische Gründe für diese Ausrichtung. So weisen unterschiedliche Studien nach, dass die Förderung positiver Phänomene sich letztlich sowohl mit Blick auf ‚weiche' Faktoren als auch mit Blick auf ‚harte' Faktoren auszahlt. Als ‚weicher' Faktor ließe sich beispielsweise eine erhöhte emotionale Mitarbeiterbindung anführen. Zusätzlich zum verbesserten Wohlbefinden der Mitarbeiter hat eine erhöhte Mitarbeiterbindung aber auch finanziell positive Wirkeffekte, die sich etwa in geringeren Krankheitsständen oder niedrigerer Fluktuation niederschlagen (für einen Überblick s. Creusen und Müller-Seitz 2009 sowie Müller-Seitz 2008; Ringlstetter et al. 2010).

In diesem Zusammenhang sei gesondert auf das **‚Stärken von Stärken'** anstelle des Behebens von Schwächen verwiesen (Buckingham und Clifton 2002; Creusen und Müller-Seitz 2009). Was genau zeichnet nunmehr eine Stärke aus?

Folgt man Buckingham und Clifton (2002), so stellen Stärken eine Kombination aus Wissen, Fertigkeiten und Talenten dar. Hervorzuheben ist in diesem Zusammenhang auch mit Blick auf das Insiders-Talent-Programm, dass einerseits eine Unterscheidung zwischen Wissen und Fertigkeiten und andererseits Talenten zu treffen ist. Während Wissen und Fertigkeiten üblicherweise situationsspezifisch sind und von Mensch zu Mensch übertragen werden können (z. B. die Art und Weise, wie man sich in ein Computersystem einloggt), ist dies bei Talenten nicht der Fall. Talente gelten nämlich als personenspezifisch und können somit lediglich von Situation zu Situation übertragen werden.

Diese Definition motiviert die Frage, wie sich **Talente fördern** lassen. Das Ermöglichen von Flow-Erlebnissen stellt hierfür einen wesentlichen Ansatzpunkt dar (Creusen und Müller-Seitz 2009). Das Flow-Konzept geht auf Csikszentmihalyi (1975; 1997) zurück. Der Forscher untersuchte, unter welchen Umständen Menschen Höchstleistungen erbringen. Dabei stellte er fest, dass dies meist der Fall war, wenn seine Probanden auf ihrem Empfinden nach möglichst sehr hohem Niveau gefordert wurden und dabei gleichzeitig aber der betreffenden Herausforderung noch erfolgreich begegnen konnten. Stellte sich dieser Zustand ein, so erzielten die Personen Höchstleistungen wie ‚im Fluss' – daher der Name ‚Flow'. Herrscht keine Passung zwischen Aufgabenanforderung und Fähigkeitsniveau vor, so kommt es Csikszentmihalyi zufolge zu Langeweile. In diesen Fällen wird die Aufgabe als zu wenig herausfordernd wahrgenommen, da das Fähigkeitsniveau das Anspruchsniveau der Herausforderung deutlich überschreitet. Angst wäre demgegenüber die Folge, wenn die Aufgabe als zu schwierig wahrgenommen wird, da das Fähigkeitsniveau das Anspruchsniveau der Herausforderung deutlich unterschreitet. Interessanterweise konnte Csikszentmihalyi Flow-Zustände vor allem im Berufsalltag feststellen, seltener jedoch bei Freizeitaktivitäten (Csikszentmihalyi und LeFevre 1989).

Angesichts dieser Beobachtungen lässt sich nun annehmen, dass es aus Perspektive von Insiders Technologies bzw. generell der Unternehmensführung wünschenswert ist, Flow-Zustände zu erzeugen. Denn die Flow-Zustände werden einerseits aus Sicht des Mitarbeiters als angenehm wahrgenommen, andererseits erzielen die Mitarbeiter im Rahmen ihres ‚Flows' Höchstleistungen, was wiederum mit Blick auf den Unternehmenserfolg wünschenswert ist. Zugleich korrespondiert diese Sichtweise mit der bei Insiders Technologies etablierten flexiblen Arbeitszeit und der konsequenten Orientierung an Arbeitsergebnissen.

Zusammenfassend lässt sich also für die Förderung von Talenten und das Stärken von Stärken in Verbindung mit dem Flow-Konzept festhalten, dass das Ermöglichen von Flow-Zuständen einen zentralen Orientierungspunkt des Personalmanagements darstellen kann. Dies geschieht bei Insiders Technologies insofern, als beispielsweise neue Mitarbeiter bewusst bestimmte Grundvoraussetzungen mitbringen müssen. Hierzu gehört etwa eine gewisse Risikoneigung, also beispielsweise der Mut Neues auszuprobieren. Außerdem wird auf Eigeninitiative geachtet, was mit Blick auf die Selbstorganisationsfähigkeit von großem Belang ist. Pointiert ließe sich hier in Anlehnung an die Philosophie der Handelskette Nordstrom ein ‚We hire the smile, we train the skill'-Leitgedanke festhalten (Spector und Reeves 2017). Es wird also darauf geachtet, dass ein Basisprofil bzw. Set an Qualifikationen und Talenten bei neuen Mitarbeitern entsprechend der jeweiligen Stellenbeschreibung vorhanden ist und die Sozialisation und die Personalentwicklungsmaßnahmen fördern dann die an Insiders Technologies ausgerichteten Verhaltensweisen und Normen im Zeitablauf. Diese Überlegungen stehen also im Einklang mit dem **T-shaped-Kompetenzprofil** bei Insiders Technologies (vgl. hierzu auch Hansen und von Oettinger 2001). Denn nebst der generalistischen Ausbildung bei Insiders Technologies wird wie erwähnt auch gezielt das Spezialistentum gefördert.

Grundsätzlich ist überdies zu konstatieren, dass eine Vielfalt an Definitionen des Begriffs **Organisationskultur** existiert, die mit Blick auf Insiders Technologies anhand der Innovationsorientierung und Kundenzentrierung schnell greifbar wird und daher näher berücksichtigt werden soll. Ein prominenter und zugleich praxistauglicher Bezugsrahmen ist hierfür der Ansatz zur Organisationskultur von Schein (2004). Der Autor nimmt eine Unterteilung anhand von drei Ebenen vor: Artefakte, Werte und Grundannahmen. Diese Ebenen sollen im Folgenden kurz näher mit Blick auf Insiders Technologies skizziert werden:

- Die Ebene der **Artefakte** umfasst alle sichtbaren und greifbaren Kulturelemente. Artefakte sind daher auch für Außenstehende sichtbar. Beispiele bilden etwa die angesprochenen Kunstwerke, die Beschaffenheit der Räumlichkeiten (z. B. die mit Moos bedeckten Deckenpaneele) oder Gebäude und deren Architektur (z. B. die bewusste Entscheidung für die Backfabrik als Berliner Standort).

  Wenngleich Außenstehende Artefakte erkennen oder gar greifen können, so impliziert dies nicht notwendigerweise, dass die Symbolik auch zu entschlüsseln ist. So ist etwa das Logo von Insiders Technologies mit dem Schriftzug ‚We make IT' auf T-Shirts nicht sofort für jeden zu entschlüsseln. Vielmehr ist Hintergrundwissen notwendig, dass damit sozialverantwortliche Aktivitäten angesprochen sind.

- Die Ebene der **Werte** spiegelt teils sichtbare, aber teilweise auch unsichtbare Werthaltungen und Normen wider. Hierzu gehören beispielsweise die nicht notwendigerweise dokumentierten Verhaltensregeln und Maximen innerhalb einer Organisation.

  Zu denken wäre hier etwa an das Onboarding neuer Mitarbeiter. Was es wirklich heißt, für Insiders Technologies zu arbeiten und wie sich dies im alltäglichen Verhalten miteinander und Kunden sowie anderen Kooperationspartnern gegenüber manifestiert, wird erst durch eigene Erlebnisse vollständig erfahrbar. Daher sind zumeist Arbeitserfahrungen notwendig, um sich diesen Aspekt der Unternehmenskultur erschließen zu können.
- Schließlich ist noch die Ebene der **Grundannahmen** zu erläutern. Bei dieser Ebene wird unterstellt, dass sie unsichtbar und unbewusst ist und mithin auf geteilte Denk- und Verhaltensmuster der Organisationsmitglieder abstellt. Diese Ebene kann letztlich nur erfahren werden, wenn man Mitglied der betreffenden Organisation ist. Auch für den Mitverfasser dieser Monographie ist es als Wissenschaftler bestenfalls nur sehr eingeschränkt möglich, die Grundannahmen von Insiders Technologies wirklich nachvollziehen zu können, weshalb hier der Reiz der transdisziplinären Koautorenschaft – personifiziert durch die beiden Verfasser – deutlich wird. Die grundsätzlich wertschätzende Haltung der Insiders Technologies Mitarbeiter untereinander wäre eine weitere Grundannahme, anhand derer sich diese Facette der Organisationskultur im Schein'schen Sinne festhalten ließe.

Das Thema Organisationskultur wird in der Literatur meist eher als statisches Phänomen behandelt. Nimmt man eine solche Perspektive ein, so lässt sich die Organisationskultur wie ein Foto eines Ist-Zustands begreifen. Allerdings gilt es auch den Prozess des ‚Verinnerlichens‘ der Organisationskultur zu berücksichtigen. Hierfür ist eine dynamisch-prozessuale Sichtweise notwendig. Um sich dieser Thematik theoretisch-konzeptionell annehmen zu können, sei auf das Phänomen der **Sozialisation** verwiesen. Unter diesem Begriff soll unter Rekurs auf van Maanen (1976, 67) organisationale Sozialisation als ein „process by which a person learns the values, norms, and required behaviors which permit him or her to participate as a member of the organization“ zu begreifen sein.

Wenngleich die diesbezügliche Diskussion vorwiegend auf kognitive Aspekte der Vermittlung abstellt, so sollten Emotionen nicht außer Acht gelassen werden (Müller-Seitz 2008). Denn im Rahmen der Sozialisation werden nicht nur kognitiv zu vermittelnde Inhalte neu in das Unternehmen eintretenden Mitarbeitern vermittelt. Vielmehr wird im Idealfall auch eine positive emotionale Bindung zum Unternehmen hergestellt. Dies findet bei Insiders Technologies beispielsweise durch die Veranstaltungsreihe ‚Mehr Wissen – Weiter denken‘ statt. Denn die vierte Säule des Insiders-Talent-Programms bietet hierfür in verschiedener Hinsicht die Gelegenheit. Führt man sich die in dieser Reihe fokussierten ‚Überraschungsthemen‘ wie z. B. ‚Interkulturelle Handlungskompetenz und Grenzen‘ oder ‚Körpersprache und Freiheit‘ vor Augen, so handelt es sich dabei sicherlich nicht nur per se um ein kurzweiliges Veranstaltungsformat. Es dürfte sicherlich auch dazu beitragen, dass die Teilnehmenden teilweise an ihre Grenzen gehen müssen und so an Emotional-

und Sozialkompetenz hinzulernen (Teichmann 2001). Gleiches ließe sich auch für gemeinsame Aktivitäten aller Mitarbeiter vorstellen. Zu denken wäre hier an die Initiative ‚We make IT'. Im Rahmen der Initiative werden nicht nur kognitive Werte und Grundannahmen im Schein'schen (2004) Sinne vermittelt, sondern sicherlich auch positive Emotionen im Rahmen von sportlichen Aktivitäten oder sozialverantwortlichen Projekten (z. B. ‚Mama/Papa hat Krebs') erzeugt.

Derartige Personalentwicklungsmaßnahmen scheinen zielführend, da es im Zeitablauf auch zu einer Sozialisation positiver Emotionen kommen dürfte (Müller-Seitz 2008). Denn eine Orientierung an den Stärken der Mitarbeiter dürfte letztlich dazu führen, dass die emotionale Bindung im gleichen Zuge mit ansteigt. Creusen und Müller-Seitz (2008) konnten dies für die an positiven Emotionen und Stärken orientierte Personalmanagementstrategie von Media-Saturn aufzeigen, weshalb diese Überlegungen und empirischen Belege durchaus im Einklang mit den Beobachtungen bei Insiders Technologies stehen.

4.4 Wertschöpfung mit Kooperationspartnern

Wie bereits aus der Historie von Insiders Technologies bei der Vorstellung des Unternehmens (3) und den vorherigen Erfolgsfaktoren ersichtlich, wird bei Insiders Technologies großer Wert auf die Wertschätzung gegenüber allen Mitgliedern der Unternehmung, aber auch Partnern und Kunden gelegt. Die Wertschätzung befördert vielfach auch die kollaborative Wertschöpfung im Sinne der Open-Innovation- und Open-Strategy-Ansätze, die im Folgenden im Mittelpunkt stehen sollen (4.4.1). Aufbauend auf der Auseinandersetzung mit empirischen Evidenzen bei Insiders Technologies, kommt es schließlich zur wissenschaftlichen Reflexion der vorgelegten Inhalte (4.4.2).

4.4.1 Kooperation oder nicht Kooperation – das ist hier nicht die Frage

Wie auch schon vorher im Fall der anderen Erfolgsfaktoren sei zunächst auf die **Selbstorganisation und die Innovationskultur als Ausgangspunkte** verwiesen. Denn Scrum oder Design Thinking als Teile eines agilen Managements tragen letztlich dazu bei, die Kunden im Rahmen von Projekten mit in die Entwicklung neuer Software-Produkte zu integrieren und ihnen so bestmöglich für den Unternehmensalltag dabei zu helfen, ihre Geschäftsprozesse effizient und effektiv abzuwickeln.

Dabei ist heutzutage nicht mehr nur die reine Funktionalität einer Software ausschlaggebend. Vielmehr gilt es, den Kunden bzw. Nutzer in den Mittelpunkt zu rücken. Um dies zu ermöglichen, müssen die jeweiligen Erfahrungen, also die sog. **User Experience**, genauer ausgeleuchtet und verstanden werden. Hervorzuheben ist in diesem Zusammenhang, dass mittlerweile erwartet wird, dass eine Software angenehm zu nutzen ist oder gar Freude bewirkt. Dies mag zunächst abwegig oder zumindest visionär erscheinen. Wie noch zu zeigen sein wird (4.5), sind jedoch Freude und Spaß bei der Wissensarbeit bzw. Arbeit generell essenzielle

Voraussetzungen, um Kunden zur Nutzung der Software und damit u. a. auch zum Wissensaustausch zu bewegen.

Die Kombination aus Kunden- bzw. Nutzerorientierung und Innovationskultur bringt jedoch en passant noch zwei weitere, miteinander verbundene Vorteile mit sich:

Einerseits kann die **Zufriedenheit der Kunden und Nutzer drastisch erhöht** werden. Denn durch deren Einbezug werden ihre Anregungen niedrigschwellig (beispielsweise durch Scrum) mitberücksichtigt und es kommt nicht zu Produktentwicklungen am Kundeninteresse bzw. generell dem Markt vorbei. Andererseits gelingt es so, **Software-Produkte schneller zu entwickeln**. Dies ist im internationalen, sich stetig verschärfenden Wettbewerb ein weiterer maßgeblicher Vorteil.

Die Kundenintegration erfolgt jedoch nicht nur bilateral. Bei Insiders Technologies wird grundsätzlich auf **partnerschaftliche Produktentwicklung im Netzwerk** Wert gelegt. Hierdurch kommt es zu Synergien zwischen den beteiligten Netzwerkpartnern und zu projektbasierten Kooperationen.

Diese netzwerkbasierte Zusammenarbeit gilt aber nicht nur für die Produktentwicklung, sondern auch für die **Abwicklung von Geschäftsprozessen**, die zunehmend in **vernetzter Form** stattfindet. Der Austausch mit Partnern im Netzwerk führt dabei zu einem wechselseitigen Verständnis und dem Aufbau von Vertrauen unter den Netzwerkpartnern.

Mittels des **Beispiels der Bearbeitung eines Glasschadens** lässt sich der Trend hin zu vernetzten Wertschöpfungsprozessen anhand der nachstehenden Darstellung illustrieren. Dabei steht in der ‚Old Economy' traditionell das einzelne Unternehmen in isolierter Form im Mittelpunkt, wenn es um die Schadensbearbeitung eines Versicherers geht (vgl. oberer Teil der Darstellung). Das Unternehmen konzentriert sich auf das Beziehen von Produkten und Dienstleistungen oder wie im Fall der

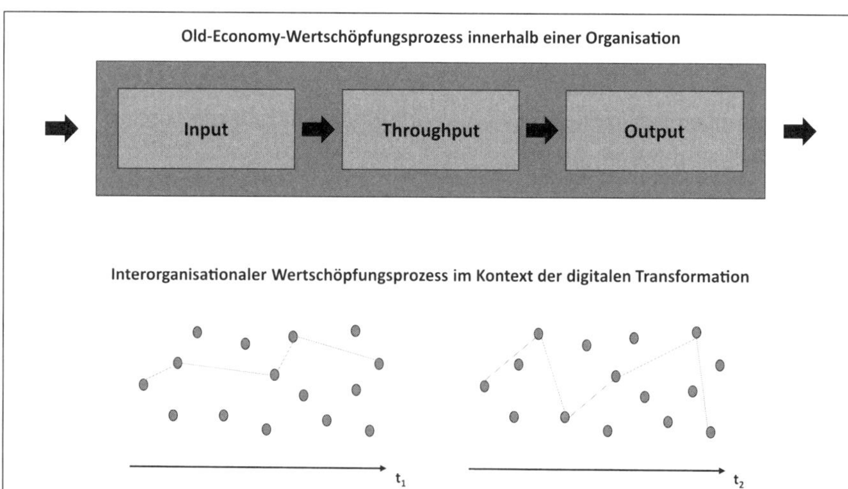

Darst. 4.17: Wandel der Wertschöpfungsprozesse von der Old Economy hin zum Kontext der digitalen Transformation.

Glasschadensbearbeitung auf Informationen über den entsprechenden Glasschaden durch den Kunden, indem dieser beispielsweise das Versicherungsunternehmen postalisch über den Vorfall in Kenntnis setzt (Input). Die Information wird organisationsintern verarbeitet und z. B. ein Gutachter vor Ort zur Sichtung des Schadens gesandt (Throughput). Hierfür wird letztlich eine Rückerstattung veranlasst und die Rechnung des Kunden später nach erfolgter postalischer Zustellung beglichen (Output). Diese klassische Sichtweise erfasst aber nicht die Integration in immer komplexer werdende Wertschöpfungsnetzwerke im Kontext der digitalen Transformation.

Im Kontrast hierzu soll der untere Teil der Darstellung verdeutlichen, dass die Bearbeitung durch verschiedene Unternehmen in netzwerkartiger Form erfolgt. Das kann beispielsweise dergestalt stattfinden, dass bereits in der Glaswerkstatt Informationen digitalisiert werden und an das Partnernetzwerk unmittelbar zugestellt werden. Aus dem Netzwerk heraus findet sich sodann ad hoc ein Partner, der zur Behebung des Schadens beitragen kann oder als Gutachter vor Ort fungiert. Dabei ist gesondert hervorzuheben, dass nicht zwangsweise immer dieselben Partner über Schadensfälle miteinander kooperieren müssen. Es ist auch genauso denkbar, dass die Kooperationspartner fallweise zwischen Schadensvorfällen variieren, was die unterschiedlichen Konstellationen in Zeitpunkt 1 (t_1) und Zeitpunkt 2 (t_2) andeuten sollen. Eine solche verteilte und sich emergent ergebende Wertschöpfung weist Bezüge zur Schwarmintelligenz auf, wie sie derzeit diskutiert wird und beispielsweise auch von Großkonzernen, wie etwa Daimler, in Anschlag gebracht wird.

Um den Wissensaustausch zwischen den Netzwerkpartnern von Insiders zu erleichtern, werden bewusst **Möglichkeiten des Wissenstransfers als eine zentrale Form der interorganisationalen Wertschöpfung** geboten. Zwei Formate sollen hierfür in aller Kürze erörtert werden: die Insiders Akademie sowie Veranstaltungen (vgl. hierzu auch 4.5).

Die **Insiders Akademie** zielt in erster Linie auf die Vermittlung von Wissen und den umfassenden Kompetenzaufbau rund um die Nutzung von Insiders-Technologies-Software-Produkten für das Omnikanal Input Management und die Kundenkommunikation ab. Im Einklang mit dem Omnikanal-Management-Angebot kann auch die Vermittlung des Wissens auf unterschiedliche Weise maßgeschneidert erfolgen. Dies betrifft natürlich einerseits die Vermittlung der Inhalte entsprechend der konkreten Kundenbedürfnisse. Andererseits ist auch die Form der Vermittlung an den Wünschen des Kunden ausgerichtet, beispielsweise durch Schulungen innerhalb der Räumlichkeiten von Insiders Technologies, beim Kunden vor Ort oder online gestützt, wie etwa durch Webinare.

Das **Ausrichten von Veranstaltungen** bildet das zweite zentrale Standbein zur Förderung der kollaborativen Wertschöpfung mit Blick auf den Wissenstransfer bei Insiders Technologies (vgl. hierzu auch 4.5). Zur Illustration sollen zwei Beispiele angeführt werden: IT Talks und die inco – Insiders Conferences:

- **IT Talks** sind ein Veranstaltungsformat, bei dem regional verankerten Entwicklern rund um den Standort in Kaiserslautern in ca. vierteljährlichem Turnus die Möglichkeit geboten wird, sich zu den neuesten Entwicklungen und Innovationen auszutauschen, etwa Deep Learning oder dem Einsatz von Scrum im Software-Entwicklungsprozess.

- **inco – Insiders Conferences** sind demgegenüber zweijährig stattfindende Großveranstaltungen, zu denen weit über 100 Teilnehmer eingeladen werden. Im Rahmen dieser Veranstaltungen findet ein Wissenstransfer rund um aktuelle Fach- oder Branchenthemen und das Leistungsangebot von Insiders Technologies statt. Nebst Fachvorträgen und Diskussionen werden ein attraktives Rahmenprogramm mit international renommierten Persönlichkeiten (z. B. wie zuvor bereits an anderer Stelle gesondert erwähnt: Reinhold Messner) und Möglichkeiten zum Networking geboten.

Mit Blick auf die angeführten Veranstaltungen gilt es überdies hervorzuheben, dass hierdurch nicht nur Wissen vermittelt und geteilt wird sowie Netzwerkpartnerschaften entstehen und ausgebaut werden. Insiders Technologies begreift sich diesbezüglich vor allem auch als **Akzelerator der digitalen Transformation**. Partnerschaftliche Kooperationen dienen nämlich auch dazu, interne Transformationsprozesse bei den Partnerunternehmen voranzutreiben.

Als offenkundiges Beispiel sei die Versicherungsbranche angeführt. Hier wird die digitale Transformation zu nachhaltigen Veränderungen führen, bei denen Insiders Technologies in der Lage ist, die Kunden dabei zu unterstützen, wie sie diesen Herausforderungen erfolgreich begegnen können. Die gemeinsame Entwicklung einer App für private Krankenversicherungsunternehmen liefert hierfür einen konkreten Beleg. In diesem Fall wird die Entwicklung einer App vorangetrieben, die in der Lage ist, sämtliche Patientendaten zu speichern und für nach den Wünschen des Patienten autorisierte Dienstleistungsanbieter (Ärzte, Krankenhäuser, Versicherungsträger etc.) jederzeit verfügbar zu machen.

Die **Akzelerator-Funktion** beschränkt sich dabei jedoch nicht nur unmittelbar auf das Produktangebotsspektrum der Software von Insiders Technologies. Vielmehr wird wiederholt auch der Bedarf nach **Managementexpertise** laut. So wurde der Geschäftsführer jüngst mit der Frage konfrontiert, ob „Insiders Technologies unser Unternehmen auch einmal [mit Blick auf das Management der digitalen Transformation] challengen kann".

In einem anderen Fall wurde Insiders Technologies mit der Frage konfrontiert, ob nicht auch die **Geschäftsräume** bei dem betreffenden Kundenunternehmen so gestaltet werden könnten, wie es bei Insiders Technologies in der Backfabrik in Berlin oder in der Innovationsarena am Standort Kaiserslautern der Fall ist. Diese Indizien verdeutlichen, dass Insiders Technologies nicht nur innovative Produkte herstellt, sondern auch mit Blick auf das Management und die Unternehmens- und Innovationskultur insgesamt als Benchmark und auch die entsprechenden Werte authentisch vorlebend wahrgenommen wird.

Des Weiteren dient die **Berufung des Geschäftsführers in den Vorstand der Science and Innovation Alliance Kaiserslautern (SIAK)** der Vermittlung des Austauschs zwischen Praxis, Wissenschaft und politischen Entscheidungsträgern der Region. Als stellvertretender Vorstandsvorsitzender der Science and Innovation Alliance trägt der Geschäftsführer maßgeblich zum Wissenstransfer zwischen den Forschungseinrichtungen in Kaiserslautern und den mittelständischen Unternehmen der Region bei. Dabei wird intensiv mit den Grundlagenforschungsinstituten kooperiert, beispielsweise dem Fraunhofer IESE (Institut für Experimentelles Software Engineering) in Kaiserslautern. Kooperationsprojekte im Bereich der künstlichen Intelligenz sowie das sog. Joint Research & Development Lab gehören dazu.

Als **Fazit** lässt sich an dieser Stelle festhalten, dass Kooperationen insgesamt als unabdingbar angesehen werden. Aufgrund der anwendungsorientierten Forschungsorientierung bei Insiders Technologies sind die Kooperationspartner vorwiegend im Bereich der Forschung und Entwicklung angesiedelt. Allerdings lässt sich dieser Gedanke sicherlich auch auf mittelständische Unternehmen in anderen Branchen übertragen, mittelständische Unternehmenskooperationen mithin als zentralen Erfolgsfaktor zu begreifen.

4.4.2 Wissenschaftliche Interpretation und Reflexion

Die geschilderten Aktivitäten von Insiders Technologies mit Blick auf partnerschaftliche Kooperationen soll nun wissenschaftlich interpretiert und reflektiert werden. Dafür wollen wir kurz erneut das offene Managementverständnis (2.3) aufgreifen und anschließend Debatten aus den Bereichen des Netzwerk- und Projektmanagements thematisieren.

Hinsichtlich des **offenen Managementverständnisses** sei erneut hervorgehoben, dass mittlerweile nicht nur Innovationsprozesse über Organisationsgrenzen hinweg im Sinne des Open-Innovation-Ansatzes (Chesbrough 2003) hervorgebracht werden, sondern auch gemeinsam Strategiefindungsprozesse angestrebt werden (Chesbrough und Appleyard 2007; Whittington et al. 2011). Wie am Beispiel von Insiders Technologies illustriert, findet die Innovations- oder Strategieentwicklung also nicht mehr in geheimer Form hinter ‚verschlossenen Türen' statt, wie es vielfach beobachtet und zugleich kritisiert wird (Mantere und Vaara 2008). Dennoch sind offene Innovations- oder Strategiefindungsprozesse auch in der heutigen Unternehmenspraxis teilweise umstritten (Müller-Seitz und Kowalski 2018). So zeigt sich in der Studie von Müller-Seitz und Sydow (2012), dass vernetzte, offene Innovationsprozesse in der Halbleiterindustrie – allen Beteuerungen mit Blick auf Gemeinsamkeiten zum Trotz – nachhaltig von den Eigeninteressen der Konsortialpartner bestimmt sind. Ähnlich argumentieren Dobusch et al. (im Druck) hinsichtlich des Ziels möglichst inklusiver Strategiefindung bei Wikimedia. Insbesondere unter erhöhtem Zeitdruck (Bleicher 2004), der durch die digitale Transformation und andere Herausforderungen befeuert wird, ist das gemeinsame Ausarbeiten von Strategien oder der Aufbau von Vertrauen in Innovationsnetzwerkpartnerschaften sicherlich erschwert. Grund hierfür sind sich immer häufiger ändernde und üblicherweise verschärfende rechtliche Rahmenbedingungen, wechselnde Kundenpräferenzen sowie internationaler Wettbewerbsdruck.

Im Bereich der **Netzwerkforschung** – erneut: Verstanden als drei Unternehmungen, die miteinander in Zeit-Raum eher kooperativ denn kompetitiv zusammenarbeiten (Sydow 1992) – sind die Themenfelder Innovation und Vertrauen besonders bedeutsam (Sydow et al. 2016). Denn im Fall von Innovationsnetzwerken ist das thematisierte Spannungsfeld von Kooperation und Wettbewerb besonders anschaulich zu beobachten, da sowohl Anreize bestehen, auf Netzwerkebene Innovationen voranzutreiben, als auch wettbewerbsbezogene Risiken das Management der jeweiligen Unternehmung möglicherweise davon abhalten, dies zu tun.

Grundsätzlich versprechen sich die involvierten Organisationen aber – sofern sie eine Kooperation eingehen – diverse **Vorteile durch die Kooperation im Innovationsnetzwerk**, welche kurz angeführt seien (vgl. Corsten et al. 2016):

- Zugang zu Know-how der Partnerunternehmungen,
- Synergieeffekte durch das wechselseitige Ergänzen der unternehmenseigenen Stärken,
- reduzierte Forschungs- und Entwicklungskosten sowie
- geringere Risiken bei der Entwicklung neuer Produkte und/oder Dienstleistungen.

Allerdings bestehen wie angedeutet auch **Risiken der Kooperation im Innovationsnetzwerk** (Corsten et al. 2016):

- Durch die Offenlegung organisationsinternen Wissens können Wettbewerbsnachteile entstehen.
- Die Organisationen müssen sich restrukturieren und oftmals auch langwierig organisationskulturell umstellen, um den Wandel von Closed Innovation hin zu Open Innovation zu gewährleisten.
- Der Innovationsmanagementprozess wird zunehmend komplexer, je mehr organisationsexterne Einflüsse (z. B. von Netzwerkpartnern) organisationsinterne Prozesse beeinflussen.
- Die Absorptionsfähigkeit (Cohen und Levinthal 1990) einer Organisation erfordert auch einen Balanceakt zwischen dem Erschließen neuer Ideen (Exploration) sowie dem ‚Ausbeuten' existierender, bereits erfolgreicher Produkte und Dienstleistungen (Exploitation) der existierenden Wissensbasis (March 1991).

Als Fazit lässt sich mit Blick auf Innovationsnetzwerke an dieser Stelle Folgendes festhalten: Wenngleich die genannten Nachteile einer Kooperation nicht außer Acht gelassen werden sollten, überwiegen die Vorteile, weshalb sich diese Kooperationsform einer hohen Beliebtheit erfreut. Dies gilt es insbesondere mit Blick auf mittelständische Unternehmen, wie Insiders Technologies, aufgrund der geringeren Ressourcenausstattung im Vergleich zu Großkonzernen zu konstatieren.

Das Austarieren von Interessen, der Aufbau von Vertrauen sowie der interorganisationale Wissenstransfer sind auch der Fokus der **relationalen Perspektive (‚relational view'**; Dyer und Nobeoka 2000; Dyer und Singh 1998). Dieser theoretische Zugriff ist insofern erwähnenswert, als er explizit die Vernetzung von Akteuren als Wettbewerbsvorteil betrachtet. Ein Wettbewerbsvorteil wird dabei also nicht mehr rein intraorganisational verfolgt und erzielt. Vielmehr gilt es, Wettbewerbsvorteile unter Berücksichtigung der Beziehungen (‚relations') zu anderen Organisationen zu generieren.

Folgende **Merkmale der relationalen Perspektive** sind dabei charakteristisch:

- Organisationen mit komplementären Ressourcen kooperieren und bauen dabei beziehungsspezifische Ressourcen und Routinen auf, die nicht leicht kopiert werden können.
- Die Einzigartigkeit der Ressourcenausstattungen ermöglicht es, wettbewerbskritische Vorsprünge zu erhalten.

- Die richtige Partnerwahl ist entscheidend, um sich gegenüber dem Wettbewerb differenzieren zu können und so gleichsam Imitationsbarrieren zu schaffen.
- Quellen für Wettbewerbsvorteile sind in den Beziehungen zu anderen Organisationen begründet.

Am **Beispiel Toyota** lässt sich die relationale Perspektive gut veranschaulichen. So hat dort die Vernetzung im Zeitablauf zugenommen, und es ist nicht mehr nur Toyota bilateral mit den Zulieferorganisationen verbunden, sondern die Zulieferorganisationen sind zugleich auch untereinander im Kontakt. Dies entspricht letztlich dem bei Insiders Technologies vorherrschenden Leitgedanken der partnerschaftlichen Wertschöpfungsprozesse und dem gemeinsamen Hervorbringen von Innovationen.

Mit Blick auf die **Akzelerator-Wirkung von Insiders Technologies** ist ebenfalls ein Blick in die Literatur zur Netzwerkforschung aufschlussreich. Dort stellen die Wirkeffekte einer Führungsorganisation – wie Insiders Technologies – auf die Netzwerkpartner ein vielfach diskutiertes Themenfeld dar (für einen Überblick s. Müller-Seitz 2012). Eine zentrale Debatte thematisiert dabei die Frage, inwiefern eine Netzwerkführungsorganisation den Wissensfluss aufrechterhalten kann (Dhanaraj und Parkhe 2006). Allerdings ist diese Aufgabe derart fundamental, dass sämtliche Netzwerkpartner sich zu beteiligen haben. Folgt man Dhanaraj und Parkhe (2006) ist es für den Innovationserfolg von entscheidender Bedeutung, wie das Netzwerkdesign ausgestaltet ist (z. B. mit Blick auf die Netzwerkdichte, die Zentralität der Führungsorganisation oder die Diversität der Netzwerkmitglieder) und wie der Führungsprozess hinsichtlich des Wissensflusses, der Wissensaneignung durch die Netzwerkmitglieder und die Netzwerkstabilität verläuft.

Schließlich sei noch auf die Bedeutung von **Veranstaltungen** verwiesen (für einen Überblick s. Müller-Seitz und Schüßler 2013). IT Talks oder Insiders Conferences sind nicht nur Orte der Wissensvermittlung, sondern auch Möglichkeiten, zukünftige technologische Pfade mitzubestimmen (vgl. exemplarisch Möllering und Müller-Seitz 2018), andere Unternehmen für eigene Anliegen zu gewinnen (vgl. exemplarisch Müller-Seitz und Sydow 2012) und pointiert für die eigenen Produkte und Dienstleistungen zu werben (vgl. exemplarisch Wenzel und Koch 2018). Wie bereits wiederholt im Rahmen der partnerschaftlichen Wertschöpfung, nimmt die Wissensvermittlung einen großen Stellenwert ein. Daher wird das Thema Wissenstransfer im folgenden Kapitel näher beleuchtet.

4.5 Wissensmanagement in mittelständischen Unternehmen als Hürde?

Mittelständische Unternehmen sind wie erörtert mit Blick auf die Ressourcenausstattung beschränkt. Daher sind Mittelständler bestenfalls nur eingeschränkt in der Lage, sich eigene organisatorische Einheiten für die Sammlung, Sichtung und Analyse von Wissen zu leisten oder umfangreiche Wissensmanagementsysteme anzulegen. Wie Insiders Technologies dieser Herausforderung begegnet, soll im Folgenden thematisiert werden (4.5.1). Anschließend erfolgt die theoretisch-konzeptionelle Erörterung dieser Aspekte (4.5.2).

4.5.1 Organisationales Lernen und Wissensmanagement bei Insiders Technologies

Die Innovations- und Kundenorientierung von Insiders Technologies führt dazu, dass Wissen und Lernen für das Unternehmen von elementarer Bedeutung sind. Dies betrifft sowohl die Aufnahme neuen Wissens als auch das Verteilen des Wissens innerhalb der Organisation. Organisationales Lernen und Wissensmanagement sind daher in der DNA von Insiders Technologies fest verankert. Das Bonmot von Immanuel Kant, dass Theorie ohne Praxis leer sei, aber Praxis ohne Theorie blind sei, steht in diesem Zusammenhang für das Anliegen, Wissen fundiert zu identifizieren, zu sammeln, aufzubereiten und innerhalb der Organisation zu verbreiten.

Angesichts der IT-Orientierung von Insiders Technologies kommt es zunächst zu einer Auseinandersetzung mit IT-basierten Ansätzen für organisationales Lernen und Wissensvermittlung (4.5.1.1). Daran anknüpfend werden mitarbeiterzentrierte Verfahren der Wissensvermittlung vorgestellt (4.5.1.2). Dabei wird auch der Frage nachgegangen, wie eine Symbiose IT-basierter und mitarbeiterzentrierter Wissensvermittlung ausgestaltet sein kann. Wissenserwerb und -vermittlung sind jedoch nur ein Teil des Wissensmanagements bei Insiders Technologies. Neu erworbenes Wissen gilt es schließlich auch organisationsintern zu bewerten, um ein besseres Verständnis davon zu erhalten, wo und wie dieses Wissen eingesetzt werden kann (4.5.1.3). Abschließend werden Fragen des Wissensaustauschs über die Grenzen von Insiders Technologies hinaus präsentiert (4.5.1.4).

4.5.1.1 IT-basierte Wissensvermittlung

Die organisationsinterne IT-basierte Wissensvermittlung bei Insiders Technologies greift auf unterschiedliche IT-Lösungen zurück. Im Rahmen des **Intranets** werden hier **unterschiedliche kollaborative Software-Tools** genutzt.

Als ein Beispiel für Wissensmanagement bei Insiders Technologies ist **Confluence** zu nennen, das **organisationsinterne Wiki**. Wie bei dem Vorbild der Online-Enzyklopädie Wikipedia wird bei Confluence das Wissen zusammengeführt und somit für alle Organisationsmitglieder einsehbar gemacht. Hervorzuheben ist auch hier wieder der agile Charakter der Software, wie es bereits der Name verdeutlicht: Wiki stammt aus der hawaiianischen Sprache und lässt sich mit ‚schnell' übersetzen. Dies ist gerade für die Forschungsaktivitäten bei Insiders Technologies relevant, da so wertvolles Wissen auf dem neuesten Stand geteilt werden kann.

Ähnlich wie bei Updates von Apps oder News-Meldungen im Internet können interessierte Mitarbeiter hier auch Updates bzw. Neuigkeiten für unterschiedliche Bereiche (wie etwa bestimmte Produkte) abonnieren.

Wie auch bei Wikipedia lassen sich die einzelnen Einträge schrittweise weiterentwickeln, sodass diese je nach Interesse und Relevanz kontinuierlich wachsen. Außerdem ist durch die Historie in Confluence einsehbar, wer wann welchen Beitrag geliefert hat. Dies stellt sicher, dass bei Nachfragen die betreffende Person unkompliziert kontaktiert und das inhaltliche Interesse geklärt werden kann.

Überdies erlaubt eine auch bei Wikipedia vorzufindende Kommentarfunktion den weiteren Austausch. Der große Vorteil dieser Form der IT-basierten Wissensvermittlung ist, dass so nicht nur technisches Wissen (‚Know-how') vermittelt werden kann, sondern im gleichen Zuge auch informelles Lernen stattfinden kann. Bei Letzterem wäre etwa auch an informelle Informationen zum Umgang mit einem Kunden zu denken (‚Know-whom').

Punktuell wird auch **Crowdsourcing** eingesetzt. Beispielsweise wurde der Anbieter einer Crowdsourcing-Plattform kontaktiert, um freiwillig Beitragende zu motivieren, ihre Personalausweisdaten für ein intelligentes Dokumenten-Scanning beizusteuern. Dahinter steckt die einfache Beobachtung, dass künstliche Intelligenz umso erfolgreicher ist, je mehr Fälle analysiert werden.

4.5.1.2 Mitarbeiterzentrierte Wissensvermittlung

Ergänzend zur IT-basierten Wissensvermittlung kommt es auch zu einer mitarbeiterzentrierten Wissensvermittlung bei Insiders Technologies. Dies erfolgt in Form des Wissensaustauschs zwischen Personen in sowohl geregelter Form (z. B. durch formelle regelmäßige Meetings) als auch in ungeregelter Form (z. B. informell und spontan im Rahmen eines Austauschs beim Kaffeetrinken oder Mittagessen).

Erneut sollen an dieser Stelle **zwei Beispiele** unterschiedlicher Formen der mitarbeiterzentrierten Wissensvermittlung bei Insiders Technologies zu Illustrationszwecken gewählt werden. Einerseits soll der Einarbeitungsprozess neuer Mitarbeiter geschildert werden, andererseits regelmäßige Meetings näher ausgeleuchtet werden.

Im Fall der **Einarbeitung neuer Mitarbeiter** (‚Onboarding') wird nicht nur darauf Wert gelegt, technologische Expertise und Fakten über das Unternehmen Insiders Technologies (z. B. die Unternehmensentwicklung oder zentrale Kunden) zu vermitteln, sondern es stehen auch organisationskulturelle Inhalte im Mittelpunkt.

Das **Onboarding** startet üblicherweise mit einem **Rundgang durch die Räumlichkeiten und der Vorstellung der Personen**, mit denen das neue Teammitglied zusammenarbeiten wird (vgl. nachstehender Testimonial-Bericht für ein Fallbeispiel). Außerdem werden die Besonderheiten der Räumlichkeiten vorgestellt, z. B. die Rolle der ‚Innovationsarena', in der Mitarbeiter unterschiedlicher Abteilungen spontan zusammentreffen können, um neue Ideen zu entwickeln.

Testimonial Robin D. Schulz

Um meinen Weg zu Insiders zu beschreiben, müssen wir ein paar Jahre zurückgehen: Nachdem ich 2012 mein Abitur sehr gut abgeschlossen hatte, wollte ich ursprünglich Astrophysiker werden, um dem Ursprung des Universums auf den Grund zu gehen. Allerdings war die Wahrscheinlichkeit, in einem der führenden Forschungszentren zu landen, zu dieser Zeit relativ gering. Hinzu kam, dass meine Interessen doch sehr breit gefächert sind, weshalb ich mich schlussendlich dazu entschieden habe, den Studiengang International Economics mit Französisch und Spanisch als Fremdsprachen an der Eberhard-Karls-Universität Tübingen zu belegen. Ich erhoffte mir davon, ein breites Spektrum an wirtschaftswissenschaftlichem Wissen gekoppelt mit internationaler kultureller Kompetenz zu erlangen. Allerdings musste ich schnell feststellen, dass der stark theoretisch geprägte Fokus der Lehre mich keineswegs auf die Praxis vorbereitete. Darüber hinaus erkannte ich im Rahmen diverser Wahlfächer, dass mich

Themengebiete der BWL viel mehr fesselten als Themen der VWL. Aus diesem Grund entschloss ich mich, alle Weichen darauf zu stellen, einen Master in BWL anzustreben. Dies bedeutete das Belegen einer Vielzahl freiwilliger Fächer mit Bezug zur BWL, damit ich die für die meisten Masterstudiengänge geforderte Mindestanzahl an ECTS erfüllen konnte.

So kam es, dass ich an der TU Kaiserslautern den Masterstudiengang BWL belegt habe. Ich entschied mich, die Schwerpunkte Strategie, Innovation, Kooperation, Marketing, und Entrepreneurship zu belegen, um umfassende Kompetenzen im Bereich der Unternehmensentwicklung und -gestaltung zu erlangen. Wie sich relativ schnell herausstellte war der Praxisbezug an der TUK deutlich stärker ausgeprägt als in Tübingen.

An dieser Stelle kam ich zum ersten Mal mit Insiders in Kontakt. Im Rahmen der Veranstaltung Innovation Management des Lehrstuhls für Strategie, Innovation, Kooperation wurde eine Praxisveranstaltung angeboten: Wir erhielten eine von Insiders gestellte Aufgabe, die wir zunächst per Design Thinking als Gruppe bearbeiten und dann eine Woche später präsentieren sollten. Insofern erhielten wir nicht nur Einblick in eine praxisorientierte Methode zur Generierung neuer Ideen, sondern durften auch unser Präsentationsgeschick in einem praxisnahen Szenario unter Beweis stellen. Was mich daran faszinierte, war, dass die Mitarbeiter von Insiders so offen gegenüber jeder Art neuer Ideen schienen. Außerdem konnte man mit ihnen direkt und unverblümt reden. Wie sich später herausstellte, war einer der anwesenden Mitarbeiter sogar der Leiter der Entwicklung. Dennoch ging er mit den Studierenden ganz normal und nicht ‚von oben herab' um. Das fand ich wirklich beeindruckend und brachte mir insgesamt einen gewaltigen Lernerfolg, der nicht in Noten oder Ähnlichem bemessen werden kann.

Mein nächster Kontakt mit Insiders fand dann im darauffolgenden Jahr im Rahmen des ‚start future forums' statt. In Kooperation mit dem Lehrstuhl Strategie, Innovation, Kooperation organisierte Insiders einen dreitägigen Design Thinking Workshop in den Büros in Berlin. Ich muss ehrlicherweise zugeben, dass mich der erste Eindruck dieser Büros schlichtweg verblüfft hat. Überall waren Pflanzen, Gemälde und futuristisch anmutende Lampen. Das alles jedoch in einem Gebäude, das rein äußerlich altbacken und industriell wirkte. Dieser Kontrast war faszinierend. Bei genauerem Hinsehen fiel mir dann die Zweckmäßigkeit und Brillanz der Einrichtung auf. So futuristisch die Einrichtung auf den ersten Blick wirkte, so intelligent war sie gewählt, um Mitarbeitern stets die Möglichkeit zu geben, kreativ tätig zu werden. Dies konnten wir während des Workshops auch live erleben. Was mich noch mehr faszinierte, war, dass sich Insiders-Geschäftsführer Werner Weiss die Zeit nahm, um sich mit uns zu unterhalten und unseren Input wahrzunehmen. Ich hatte natürlich noch nicht mit allzu vielen Geschäftsführern international agierender IT-Unternehmen zu tun, dennoch beeindruckte es mich sehr, dass wir als Studierende derart ernst genommen wurden. Hinzu kam die Leidenschaft und Begeisterung, mit der Herr Weiss Insiders-Themen vorstellte.

Insgesamt hatte Insiders mit dem start future forum in mir die Lust geweckt, in die Praxis zu gehen. Allerdings hatte sich im Verlauf meines Masterstudiums ebenfalls ein großes Interesse für die Forschung entwickelt, so dass ich mit der Promotion an der TUK liebäugelte. Mein Ziel war es, theoretische Erkenntnisse zu gewinnen und diese dann irgendwann praktisch anzuwenden. Jedoch schien eine direkte Kombination beider Interessen unrealistisch, da eine rein universitäre Promotion doch häufig praxisentfernt stattfindet. An diesem Punkt erhielt ich von Professor Müller-Seitz vom Lehrstuhl für Strategie, Innovation, Kooperation den Vorschlag, als externer Doktorand bei Insiders zu starten und im Rahmen einer praktischen Tätigkeit die Promotion zu verfolgen. Insiders war demgegenüber absolut offen. Und so kam eins zum anderen und ich begann noch in der Woche des Abschlusses meines Masterstudiums als neuer Mitarbeiter bei Insiders.

Mir war vorher ja bereits bekannt, dass sich Insiders dadurch auszeichnet, Mitarbeitern viel Raum für Eigenverantwortung einzuräumen. Dass dies jedoch auch wirklich in einem solchen Maße gelebt wird, hatte ich ehrlicherweise nicht erwartet. An dieser Stelle wurde ich also eines Besseren belehrt, als ich an meinem fünften Arbeitstag mit Herrn Weiss und drei weiteren Mitgliedern der Unternehmensführung zu einem zukunftsweisenden Planungstreffen fahren durfte. Hinzu kam, dass Herr Weiss während und nach dem Termin meine Eindrücke sammelte und genauso ernst nahm wie die der etablierten Kollegen. Ich muss ehrlich zugeben, dass mich dies überrascht hat.

Außerdem war dieser Termin auch kein ‚Startbonus' für neue Mitarbeiter; meine Möglichkeiten zur Eigenverantwortung blieben auch darüber hinaus erhalten: Binnen eines Monats kam einer der Prokuristen des Unternehmens auf mich zu und bat mich um Unterstützung bei der Akquise eines weltweit agierenden DAX-Konzerns aus München. Er teilte mir mit, dass dies eine wichtige neue Akquise für das Unternehmen sei und es einer umfassenden Projektkoordination vor Ort bedürfe. Er vermutete, dass dies genau meinem Skillset entspräche und plante mich deshalb für die Aufgabe ein. So kam es wiederum, dass ich nach einer gemeinsamen Vorstellung vor Ort bereits Tag zwei alleine beim Kunden verbringen durfte. Einerseits beeindruckte mich die Möglichkeit, bereits nach einem Monat im Unternehmen eine derartige Verantwortung übernehmen zu dürfen, andererseits faszinierte mich noch viel mehr, wie groß die Unterstützung durch alle Kollegen war und ist. Egal was ist, es steht einem immer jemand zur Seite, sollten Fragen oder Probleme auftauchen. Diese Kollegialität zeichnet Insiders für mich aus und wird durch jeden Einzelnen gelebt. Durch meine Vor-Ort-Präsenz bei weltweit agierenden Unternehmen fällt mir der Kontrast im Vergleich umso mehr auf. Durch den Zusammenhalt aller Kollegen war es mir dann auch möglich, in diesem ‚kalten Wasser zu schwimmen'.

Seitdem gestaltet sich meine Arbeitswoche also wie folgt: Ich verbringe zwei bis drei Tage bei genanntem Kunden in München vor Ort und kümmere mich um die Organisation einer Vielzahl von Projekten, die parallel umgesetzt werden. Dies umfasst die Absprache von Terminen mit unseren Projektleitern sowie mit den Projektleitern des Kunden, das Anbahnen neuer Projekte sowie das Wahrnehmen diverser Auskunftstermine gegenüber dem Management. Zudem bin ich in den Lenkungskreis für die wichtigste strategische Partnerschaft von Insiders

Technologies berufen worden. Dies beansprucht einen Großteil der mir verbleibenden Arbeitszeit. Konkret bin ich dafür zuständig, dem Partner vertriebliches Know-how zu vermitteln und dabei zu unterstützen, dieses gegenüber Kunden anzuwenden.

Zu guter Letzt bekomme ich jede Woche einen Tag zur Verfolgung meiner Promotion zugesprochen. Darin widme ich mich den Auswirkungen interorganisationaler Netzwerke auf ein Unternehmen im Rahmen der Digitalisierung. Die Erfahrungen und Eindrücke meines daily business bieten hierfür natürlich die optimale Datengrundlage.

Überdies erhält jeder neue Mitarbeiter einen maßgeschneiderten Einarbeitungsplan, der **erste Aufgaben** (z. B. das Einlesen in Teile der Angebotspalette von Insiders Technologies) und die damit **verbundenen Ansprechpartner** enthält (z. B. Kollegen aus dem Vertrieb). So wird gewährleistet, dass der Mitarbeiter vom ersten Tag an in das Unternehmen eingebunden wird, indem er sich thematisch einfindet und im gleichen Atemzug die jeweils relevanten Ansprechpartner kennenlernt. Nebst dem ‚reinen' Kennenlernen ist der Vorteil bei diesem Vorgehen, dass Hemmschwellen für künftige Kontaktaufnahmen gesenkt werden, da das neue Teammitglied zu Beginn gleich mit sämtlichen für ihn relevanten Personen zusammentreffen konnte oder zumindest zeitnah einen Termin vereinbaren kann.

Außerdem erhält jedes neue Teammitglied einen **Mentor**, der in der Anfangszeit mit Rat und Tat zur Seite steht. Diese Person dient also als zentrales Bindeglied in der Anfangsphase. Flankiert wird das Mentoring durch ein Feedbackgespräch nach einer Woche und dann nochmals nach einem Monat. Im Rahmen dieses Austauschs ist es möglich, den Einstieg zu reflektieren und auch etwaige Probleme zu nennen, um so künftige Einarbeitungsprozesse zu verbessern; ganz im Einklang mit dem Leitgedanken der Selbstorganisation und dem Streben nach kontinuierlicher Verbesserung.

Außerdem fördern **Meetings** in unterschiedlichen Formaten den Wissenstransfer bei Insiders Technologies. Hervorzuheben ist dabei, dass im Sinne des Paradigmas der Selbstorganisation nicht alles von der Unternehmensleitung ‚top-down' vorgegeben wird. Vielmehr bilden sich emergent und spontan immer wieder auch formelle und informelle Meetings, um sich zu bestimmten Themen auszutauschen. **Meetings** lassen sich dabei anhand ihrer Häufigkeit unterscheiden, wobei **zwei unterschiedliche Typen** festgehalten werden können:

- **Tägliche oder mehrmals wöchentlich stattfindende ‚Stand-up Meetings'** verfolgen das Ziel, operative, kurzfristige Probleme zu adressieren bzw. generell Wissen auszutauschen und Lösungen anzudenken. Diese Meeting-Form findet üblicherweise in den Fachabteilungen Verwendung, beispielsweise in der Entwicklung oder im Vertrieb.
- **Wöchentliche Meetings (‚Circles')** dienen dem fachabteilungsübergreifenden Austausch. In diesen Austauschforen werden vielfach auch Kreativitätshemmnisse und -herausforderungen sowie Lösungen thematisiert. Entscheidend ist, dass hier nach einem interdisziplinären bzw. abteilungsübergreifenden Wissens-

transfer gestrebt wird, der das Wissen der täglichen Stand-up-Meetings – sofern relevant – zusammenführt.

Bei den Meetings spielt wie bereits an anderer Stelle näher erörtert auch die Ausgestaltung der Räumlichkeiten eine wesentliche Rolle. Fast alles ist beschreibbar gehalten, angefangen von gebräuchlichen Flipcharts über Whiteboards bis hin zu elektronisch gestützten Medien. Zu denken wäre hier beispielsweise an Tablets oder PC-Stationen zur Dokumentation der Ergebnisse. In diesem Zusammenhang gilt es auch erneut in Erinnerung zu rufen, dass das Mobiliar im Sinne des Design Thinking zumeist beweglich gehalten ist und eher zum Stehen statt zum Sitzen anregt. Prämisse bzw. Motto ist hier demzufolge, dass **körperliche Beweglichkeit auch geistige Beweglichkeit fördert**.

Bei Insiders Technologies wird darauf Wert gelegt, dass das Arbeitsmaterial überall zur Hand ist und so die Gedanken unmittelbar in grafischer oder schriftlicher Form festgehalten werden können. Plakativ formuliert wird versucht, das Wissen aus den Köpfen der Mitarbeiter herauszubekommen und grafisch oder schriftlich zu fixieren.

Schließlich wollen wir uns noch der **Schnittstelle zwischen IT-basierter und mitarbeiterzentrierter Wissensvermittlung** zuwenden. Zwei Beispiele dienen hierfür als empirische Belege, einerseits das Pair Programming, andererseits das Spannungsfeld ‚Taxonomy versus Folksonomy'.

Unter dem Begriff **Pair Programming** versteht man die Weiterentwicklung von Software durch rotierende Teamkonstellationen von üblicherweise zwei Personen. Während eine Person vornehmlich den Softwarequellcode weiterentwickelt, wird sie dabei im Austausch von einer anderen Person begleitet. Die zweite Person stellt sodann Rückfragen bei Unklarheiten oder der Sichtung möglicher Verbesserungspotenziale. Indem die Zweierteams häufiger wechseln, wird ein formeller und informeller Wissenstransfer ermöglicht, durch den im gleichen Zuge auch die Qualität der Software verbessert wird. Zudem gilt es festzuhalten, dass das Programmieren auf diese Art und Weise auch zu mehr Spaß bei der Arbeit und einer erhöhten Motivation führt, als dies bei isolierten Programmieraktivitäten der Fall wäre. Insofern wird durch das Pair Programming gleichzeitig auch die Innovationskultur bei Insiders Technologies weiter positiv befeuert. Daneben wird zum einen auch Wissensverlusten vorgebeugt, zum anderen können im Sinne des Vieraugenprinzips auch leichter Fehler aufgedeckt werden.

Abgesehen vom Pair Programming, bietet die Frage nach **Taxonomy versus Folksonomy** ein weiteres aufschlussreiches Beispiel. Was hat es damit auf sich? Mit dem Begriff der Taxonomie wird bei Insiders Technologies die Vorgabe von groben Rahmenbedingungen in Verbindung gebracht. Diese haben letztlich Leitliniencharakter, wie etwa die Innovationsfokussierung und Kundenorientierung. Mit Blick auf Folksonomy werden hingegen tradierte Wertvorstellungen und eingeschliffene Nutzungsmuster begriffen. Taxonomy und Folksonomy können vielfach unterschiedlich in der Organisation ausgestaltet sein bzw. gelebt werden.

Am besten lässt sich dieser Unterschied anhand eines **Beispiels** im Rahmen des Austauschs mit einem jungen Mitarbeiter illustrieren, der kürzlich neu in das Unternehmen eintrat: Frisch von der Technischen Universität Kaiserslautern rekrutiert und durch die ingenieurswissenschaftliche Kultur seines Fachbereichs als Student geprägt, war der Mitarbeiter es gewohnt, mit LaTeX zu arbeiten. Dieses Software-Verarbeitungsprogramm ist anspruchsvoller als die gebräuchlichere Microsoft Word Software zu bedienen, bietet jedoch auch eine Reihe von Vorteilen. Der größte Vorteil gegenüber Microsofts Word ist wohl die Stabilität. Während bei der Word Software häufiger Abstürze bei längeren Word-Dokumenten zu verzeichnen sind oder beim Transferieren eines Word-Dokuments in ein PDF-Dokument immer wieder andere Umbrüche oder Verzerrungen zu bemängeln sind, bietet LaTeX hier wesentlich mehr Stabilität.

Vor diesem Hintergrund war es insofern verständlich, dass der junge Mitarbeiter LaTeX für bestimmte Tätigkeiten bevorzugte. Seine Sozialisation durch das Ingenieursstudium entspräche hier also in etwa der Folksonomy, die nahelegt, dass LaTeX die technologisch überlegene Lösung darstellt und gemeinhin von – in diesem Falle – Studierenden und Mitarbeitern im Bereich der Ingenieurswissenschaften geschätzt wird.

Was der Mitarbeiter jedoch erst noch organisationskulturell lernen musste, war die Tatsache, dass Insiders Technologies zuvorderst kundenzentrierte und damit nutzerfreundliche Lösungen anstrebt. Denn die kundenseitigen Kontaktpersonen verwendeten ausschließlich Microsoft Word, weshalb die Nutzung von Microsoft Word anstelle von LaTeX im Sinne der Kundenorientierung unabdingbar war.

In der Konsequenz wurde er darauf verwiesen bzw. bemerkte selbst, dass so die Industriepartner vor den Kopf gestoßen worden wären, wenn er im alltäglichen Geschäftsaustausch mit ihnen LaTeX-Dokumente als Anhang zu elektronischer Korrespondenz versandt hätte. Folglich nutzte er fortan die rein technologisch betrachtet unterlegene Word-Software und passte sich auf diesem Wege an die Taxonomie an; allem inneren Drang der universitären Sozialisation zur LaTeX Software, der Folksonomy, zum Trotz.

Allerdings soll nicht der Eindruck eines konfliktären Verhältnisses zwischen Taxonomy und Folksonomy entstehen. Vielmehr wird bei Insiders Technologies grundsätzlich eine **Symbiose von Taxonomy *und* Folksonomy angestrebt**. Denn erst die Kombination von Taxonomy und Folksonomy erzeugt den ‚richtigen Mix' aus organisationskulturell gestützten Rahmenbedingungen im Sinne der Taxonomy (z. B. die Kundenorientierung) und der Ermutigung zu eigenständigen, emergenten Initiativen der Mitarbeiter im Einklang mit dem Gedankengut einer Folksonomy (z. B. die Möglichkeit als Ideeneigner initiativ Projekte voranzutreiben).

4.5.1.3 Wissensbewertung

Eine wesentliche Herausforderung, der sich vermutlich jedes Unternehmen stellen muss, ist die Frage, welches Wissen als wertvoll erachtet wird. Dies betrifft nicht nur organisationsintern generiertes, sondern auch organisationsextern erworbenes Wissen.

Zur Bewertung werden bei Insiders Technologies möglichst **Personen unterschiedlicher Provenienz** eingebunden, also nicht nur Mitarbeiter der Entwicklerteams, sondern auch des Vertriebs und weiterer Abteilungen, je nach Projektthema. Darüber hinaus werden aber auch dezidiert **Anwender bzw. Endnutzer** mit in die Bewertung einbezogen. Es fließen also sowohl die Evaluationen unterschiedlicher Fachabteilungen von Insiders Technologies als auch die Urteile externer Personen mit in die Gesamtbeurteilung ein. Hierdurch soll ein möglichst ganzheitlicher Eindruck von der Idee bzw. dem Projekt gewonnen werden. Dies hat als positiven Wirkeffekt zur Folge, dass beispielsweise die Entwickler keine Technologie ‚am Kunden vorbei' entwickeln, sondern vielmehr maßgeschneiderte Lösungen liefern.

Eng damit verknüpft ist die Beobachtung, dass bei Insiders Technologies eine **positive Kultur des frühen Scheiterns** vorherrscht, da ein Projektscheitern letztlich auch auf eine negative Beurteilung zurückgeführt werden kann. Diesem Phänomen liegt die Prämisse zugrunde, dass es einerseits kostengünstiger ist, früh zu scheitern. Andererseits – und das ist der wesentlich wichtigere Aspekt – bietet das Scheitern stets auch die **Möglichkeit, aus Fehlern zu lernen**. So können letztlich wertvolle Erfahrungen durch gescheiterte Ideen erworben werden. Das Teilen dieser Erkenntnisse ist sodann auch nicht verpönt, sondern wird als transparentes Vorgehen und Teil der Wissensvermittlung durchaus honoriert.

Als zweites Beispiel ließe sich das **Design Thinking** als Innovationskonzept anführen. Auch im Rahmen dieser Methodik läuft das im Zuge des Design-Thinking-Prozesses propagierte Motto **‚fail early and fail often'** letztlich auf ein Lernen aus Fehlern hinaus.

Die Aspekte der Wissensbewertung durch interne und externe Personen sowie die Fehlertoleranz ergänzen sich dabei symbiotisch. So ist die tägliche Zusammenarbeit bei Insiders Technologies auch durch eine niedrigschwellige Feedback-Kultur geprägt. Dies betrifft sowohl IT-basierte Rückmeldungen (z. B. im Rahmen von Chats oder die Kommentar-Funktion bei der organisationsinternen Wiki-Software Confluence), als auch unmittelbar persönlich-mündliche Rückmeldungen. Direkte persönliche Rückmeldungen werden gezielt durch Maßnahmen des Personalmanagements ergänzt. Als Indiz lassen sich hier etwa Coachings zum Feedbackgeben im Rahmen von Personalentwicklungsmaßnahmen anführen, die einen besonderen Stellenwert einnehmen.

4.5.1.4 Wissenstransfer durch Forschungs- und Entwicklungspartnerschaften

Ein weiterer zentraler Aspekt, der das organisationale Lernen und Wissensmanagement bei Insiders Technologies nachhaltig prägt, ist der Austausch mit anderen Organisationen. Diese Form des **interorganisationalen Wissenstransfers** ist eingedenk der Produkte und Historie des Unternehmens naturgemäß stark **anwendungs- und zugleich wissenschaftsorientiert**. Dabei wird auch immer wieder das Angebot professioneller Dienstleister in Anspruch genommen, etwa der weltweit renommierten School of Design Thinking des Hasso-Plattner-Instituts.

Bei Insiders Technologies findet letztlich **Wissenstransfer** mit Blick auf das **gemeinsame Hervorbringen von Innovationen mit Kunden** statt. Dabei findet keineswegs ein einseitiger Wissensfluss von den Kooperationspartnern zu Insiders Technologies statt. Insiders Technologies verfolgt vielmehr den Anspruch, auch Kunden anzulernen und dieses Wissen zu vermitteln. Und dies betrifft dabei keineswegs nur die Art und Weise, wie Insiders-Produkte zu nutzen sind. Darauf soll hier nicht abgestellt werden. Vielmehr wird angestrebt, gemeinsam erfolgreich maßgeschneiderte Innovationen für den Kunden zu generieren, weshalb der Wissenstransfer zum wechselseitigen Nutzen in beide Richtungen – von Insiders Technologies zu den Kunden und umgekehrt – quasi notwendigerweise erfolgen muss.

Als Indiz hierfür lässt sich beispielsweise der **Insiders IT Talk** für Informations- und Wissensaustausch anführen, der ein Forum darstellt, bei dem Wissenschaftler, Entwickler und IT-Spezialisten sich über neueste technologische Trends austauschen, beispielsweise zu Themen wie künstlicher Intelligenz, Chatbots, Elasticsearch oder White-Label-Apps.

Auch durch die **Teilnahme an wissenschaftlichen Konferenzen und Messen** ist Insiders Technologies in der Lage, stets auf Augenhöhe mit der technologischen Avantgarde zu sein und sich wiederum selbst prominent als Vorreiter zu platzieren Ein Beispiel hierfür ist die IDCAR (International Conference on Document Analysis and Recognition), die weltweit wichtigste Konferenz zum Thema Dokumentenanalyse. Bei dieser Konferenz ist Insiders Technologies regelmäßig mit mehreren Fachbeiträgen aktiv beteiligt.

Die angewandte Wissenschaftsorientierung spiegelt sich auch in der **historisch gewachsenen Kooperation mit dem Fraunhofer IESE** wider. Kernanliegen der Zusammenarbeit ist es, gemeinsam erfolgreich softwarebasierte Produkte zu entwickeln. Hierbei profitiert Insiders von der weltweit sichtbaren Forschungsstärke des IESE, wohingegen das IESE die Produkterprobung und kundenzentrierte Entwicklung von Insiders Technologies nutzt. Hierdurch erhalten die IESE-Wissenschaftler wertvolle Hinweise darauf, welche Bedarfe am Markt existieren und können dadurch ihre Forschungsaktivitäten bedarfsgerechter an den Kunden ausrichten. Als ein konkretes Beispiel für die vertiefte Kooperation zwischen beiden Parteien lässt sich das **Joint Research & Development Lab** anführen, in dem Insiders Technologies und das IESE gemeinsam innovative Produkte marktorientiert entwickeln.

Bei der Kooperation mit der **Technischen Universität Kaiserslautern** kann exemplarisch auf zwei etablierte Partnerschaften verwiesen werden. Einerseits betrifft dies die Einrichtung der **Mind Garage**. Die Mind Garage ist ein Computerlabor (‚Lab') für Studierende zum Themenfeld Deep Learning, einem Teilgebiet der künstlichen Intelligenz, das sich auf Basis neuronaler Netze mit der Auswertung großer Datenmengen befasst. Das Lab bietet den Studierenden die Chance, das Themenfeld Deep Learning mit Blick auf Forschung und Lehre sowie hinsichtlich der praktischen Umsetzbarkeit in Kooperation mit Insiders Technologies gemeinsam zu bearbeiten. Den Studierenden wird durch das Lab ein attraktives und hochgradig innovatives Themen- und Arbeitsumfeld geboten, das Theorie und Praxis intelligent verzahnt.

Innovative Arbeitsformate, wie etwa ein Hackathon, oder für internationale Wissenschaftler, Mitarbeiter der Universität und Studierende, die sog. OSA – OVATION Summer Academy (benannt nach der künstlichen Intelligenz in den Produkten von Insiders Technologies, OVATION), realisieren innovative Zielsetzungen. So wurde beispielsweise ein Chatbot entwickelt, wodurch sich die Teilnehmenden mit dem zukunftsträchtigen Thema der Conversational Intelligence auseinandersetzen konnten. Andererseits umfasst dies die Kooperation mit dem **Fachgebiet für Strategie, Innovation und Kooperation**. Die beiden Verfasser dieser Monographie kooperieren in Forschung und Lehre eng miteinander.

Als ein Beispiel kann die Ausrichtung des sog. **‚start future forums'** (Insiders Technologies 2017) genannt werden. Diese Veranstaltung richtet sich an Masterstudierende, um diese für den Berufseinstieg bei einem IT-getriebenen Technologieführer, wie etwa Insiders Technologies, vorzubereiten. Durch Impulsvorträge und die Vermittlung der Design-Thinking-Methodik werden die Studierenden für die digitale Transformation inspiriert und anschließend mit einer Aufgabe konfrontiert, die es innerhalb des zweitägigen Workshops zu lösen gilt.

Darst. 4.18: Abschlusspräsentation im Rahmen einer Kooperationsveranstaltung zwischen Insiders Technologies und der Technischen Universität Kaiserslautern.

Des Weiteren bereichert Insiders Technologies gezielt **Masterveranstaltungen**, in denen Studierende die Möglichkeit erhalten, die erlernten theoretisch-konzeptionellen Inhalte zu vertiefen und anzuwenden. Beispielsweise wurde im Rahmen der Veranstaltung ‚Management der digitalen Transformation' die konzeptionelle Entwicklung eines Chatbots für die Technische Universität Kaiserslautern vorangetrieben (vgl. voranstehende Darstellung). Weitere gemeinsame Aktivitäten betreffen die Betreuung von Promotionen und Masterarbeitsthemen oder die Vermittlung von Praktika.

4.5.2 Wissenschaftliche Interpretation und Reflexion

Im Folgenden werden die zentralen Eckpunkte des organisationalen Lernens und der Wissensvermittlung bei Insiders Technologies theoretisch-konzeptionell ausgeleuchtet. Dabei wird zunächst die Debatte zu explizitem und implizitem Wissen kurz aufgegriffen (4.5.2.1). Anschließend wird das Thema der Fähigkeit zur Wissensabsorption näher betrachtet (4.5.2.2), bevor abschließend der interorganisationale Wissenstransfer in den Mittelpunkt rückt (4.5.2.3).

4.5.2.1 Vermittlung von explizitem und implizitem Wissen

Mit Blick auf organisationales Lernen und Wissensmanagement lohnt es sich zunächst, den Begriff des **Wissens** näher zu betrachten. Bei einem Blick in die einschlägige Literatur zum Wissensmanagement wird schnell deutlich, dass dieser Terminus auf verarbeitete Informationen abzielt, die vor einem speziellen Kontext für die jeweilige Organisation nutzbar sind (Easterby-Smith et al. 2000; Grant 1996). **Wissensmanagement** fußt demzufolge auf der Annahme, dass organisationsrelevante Informationen aufgenommen, verarbeitet und weiterverbreitet werden können.

Wie bereits geschildert, stellt der Umgang mit Wissen bzw. der Wissenstransfer eine zentrale Herausforderung für Organisationen dar (Davenport und Prusak 1998). Um ein gezieltes Management von Wissen zu ermöglichen, gilt es zunächst, das zu managende Objekt differenziert zu erfassen, indem die verschiedenen **Formen des Wissens** unterschieden werden:

- Der Ausdruck **explizites Wissen** zielt auf Informationen ab, die dokumentiert und vergleichsweise leicht transferiert werden können. Ob die Dokumentation dabei IT-basiert (beispielsweise in Form des Confluence-Wikis) oder handschriftlich erfolgt, ist dabei zunächst unerheblich.
- Im Gegensatz dazu stellt der Begriff des **impliziten Wissens** auf Informationen ab, die nur schwer oder eingeschränkt zu dokumentieren und zu transferieren sind, wie etwa die Fähigkeit produktiv Feedback zu geben.

  Als klassische Illustration von implizitem Wissen dient der Verweis auf das Fahrradfahren. In diesem Fall kann zwar begrenzt explizites Wissen vermittelt werden, beispielsweise indem erklärt wird, dass das eigene Körpergewicht auszutarieren ist. Allerdings ist das implizite Wissen über das tatsächliche Austarieren nur durch körperliches Geschick und das Erfahren und üblicherweise anfängliche Scheitern zu erlernen. Angesichts dieser Beobachtungen können hier Parallelen zur eher angewandten und auf kollektiver Ebene angesiedelten Diskussion von Taxonomy versus Folksonomy (du Preez 2015) gezogen werden (siehe hierzu die Ausführungen in Kap. 4.5.1.2).

Nonaka und Takeuchi (1997) haben in diesem Zusammenhang das Konzept der Wissensspirale ins Spiel gebracht. Folgt man dem **SEKI-Modell** – SEKI ist die Abkürzung für **S**ozialisation, **E**xternalisierung, **K**ombination und **I**nternalisierung – der Autoren, so existieren vier generische Optionen, wie sich explizites und implizites Wissen vermitteln lassen:

- **Sozialisation (von implizitem zu implizitem Wissen)**: Wie der Fall des Onboardings bei Insiders Technologies illustriert, kann implizites Wissen in Form von Sozialisationsprozessen vermittelt werden. Dieses Wissen ist schwierig zu erlangen und kann nur durch Beobachtungen, Nachahmung und Teilnahme erlangt werden (ähnlich wie beim zuvor angeführten Beispiel des Fahrradfahrens). Für die Vermittlung von sozialisationsbasiertem Wissen kann die Bedeutung der Organisationskultur nicht hoch genug eingestuft werden. Der Innovationskultur kommt daher bei Insiders Technologies auch in diesem Zusammenhang eine besondere Bedeutung zu.

- **Externalisierung (von implizitem zu explizitem Wissen)**: Der Begriff der Externalisierung zielt auf den Transfer von implizitem zu explizitem Wissen ab. Dabei wird der Versuch unternommen, Erfahrungswissen schriftlich oder anderweitig zu dokumentieren, also zu externalisieren.

  Dies könnte z. B. der Fall sein, wenn ein erfahrener Programmierer bei Insiders Technologies im Zuge der Paarprogrammierung (Williams und Kessler 2002) seinen Erfahrungsschatz artikuliert und somit seine Gedankengänge transparent zu machen versucht.
- **Kombination (von explizitem zu explizitem Wissen)**: Dieser Fall zielt auf das Generieren von explizitem Wissen aus explizitem Wissen ab und ist vermeintlich einfach bzw. leichter zu gewährleisten als die bis dato angeführten Varianten der Wissensvermittlung. Hierbei wird existierendes Wissen neu kombiniert, beispielsweise bei Confluence. Denn dort wird höherwertigere Qualität dadurch erzeugt, indem explizites Wissen gesammelt wird.
- **Internalisierung (von explizitem zu implizitem Wissen)**: Diese Form beschreibt die Generierung von implizitem Wissen aus explizitem Wissen. Dies kann geschehen, indem beispielsweise Insiders-Technologies-Mitarbeiter auf existierendes, explizites IT-basiertes Wissen von Confluence zurückgreifen. Auf Basis dieses sodann angeeigneten expliziten Wissensfundus können die Mitarbeiter dann insofern einen Lern- bzw. Fähigkeitszuwachs verzeichnen, indem sie das Wissen anderweitig nutzend in die Projektarbeit mit neuen Kunden in modifizierter Form einbringen können.

Losgelöst von den Schwierigkeiten der impliziten Wissensvermittlung, lässt sich jedoch gerade auch bei der Verbreitung von IT-basiertem, explizitem Wissen in der Literatur immer wieder festhalten, dass expliziter **Wissenstransfer an Grenzen** stößt und nicht die erhofften Erfolge bringt. Grund hierfür ist, dass **Mitarbeiter oftmals ungern ihr Wissen dokumentiert niederlegen und mit anderen Personen teilen**. Dies kann beispielsweise in fehlenden Anreizsystemen oder fehlender Wahlfreiheit mit Blick auf das zu nutzende Informations- und Technologiekommunikationsmedium begründet sein (Constant et al. 1994; Kaiser et al. 2010). Vor diesem Hintergrund ist einzugestehen, dass diese Form des Wissenstransfers zwar bei Insiders Technologies erfolgreich praktiziert wird, die Übertragbarkeit jedoch aufgrund der verschiedenen Negativbeispiele nur eingeschränkt möglich scheint.

Wir wollen uns die bis dato angestellten Überlegungen nun anhand einer Analyse von Microsofts Softwareentwicklungsprojekt ‚Longhorn', dem späteren **Windows Vista**, näher anschauen (für einen Überblick s. Kaiser und Müller-Seitz 2008). Diese Studie ist insofern an dieser Stelle von Belang, als sie ein zumindest in Ansätzen erfolgreiches Beispiel für den IT-basierten Wissenstransfer darstellt. Die Ausgangsfrage der Studie von Kaiser und Müller-Seitz (2008; s. auch Kaiser et al. 2007) zielt auf die Frage ab, was erfolgreichen Wissensaustausch mittels IT-gestützter Medien auszeichnet.

Die Studie basiert auf einer Analyse der Online-Gemeinschaft (‚Community') Microsoft Longhorn. Dies war der Versuch der Unternehmung Microsoft, Wettbewerbern wie IBM nachzueifern und sich mit einer undefinierten Menge potenziell freiwillig Beitragender, die durch einen Aufruf über das Internet akquiriert werden sollen, zu vernetzen, um eigene Softwareentwicklungsprozesse voranzutreiben. Hierfür wurden Teile der Ausgestaltung der Benutzeroberfläche über ein frei zugängliches Internetportal verfügbar gemacht. Die freiwillig Beitragenden konnten durch die sog. Weblog-Technologie Einträge abfassen und so Verbesserungsvorschläge liefern und Kritik äußern. **Weblogs** stellen online-basierte (‚Web'-) Tagebucheinträge (‚logs') dar, bei denen die Einträge umgekehrt chronologisch im Internet einsehbar sind, d. h. die aktuellsten Einträge sind zunächst lesbar, ältere Beiträge befinden sich unterhalb der aktuellen Einträge.

Diese Form der Dokumentation und der Softwareentwicklung ähnelt der Art und Weise, wie Open-Source-Software entwickelt wird, da jeder Eintrag zeitlich und mit Autor versehen dokumentiert wird und zudem normativ erwartet werden kann, dass die modifizierten Inhalte nicht kommerziell eigenständig genutzt werden, sondern der Gemeinschaft nach Modifikation wieder bereitgestellt werden. Interessanterweise und in Abgrenzung zu Open-Source-Software engagierte sich die Entwicklergemeinde jedoch freiwillig auch für Microsoft als eine profitorientierte Unternehmung, die in erster Linie nicht das Gemeinwohl im Sinn hat, wie es bei der Entwicklung von Open-Source-Software grundsätzlich der Fall ist. Drastisch formuliert war den Beteiligten bewusst, dass sie freiwillig die Entwicklung einer später proprietären Microsoft Software vorantreiben.

Die Ergebnisse der Studie zeigen auf, dass vielfach in Unternehmungen vorzufindende **Barrieren des Wissensaustausches** – wie etwa individuelle oder Ressortegoismen – **überwunden** werden konnten. Als Ursache hierfür führen Kaiser und Müller-Seitz (2008) unterschiedliche Gründe an, die sich in …

- … **intrinsische** (d. h. Aktivitäten und Verhaltensweisen, welche Personen aus sich selbst heraus verfolgen) und
- … **extrinsische** (d. h. Aktivitäten und Verhaltensweisen, welche aufgrund äußerer Anreize verfolgt werden, die mit den Aktivitäten oder dem Verhalten in Zusammenhang stehen) **Motivationsfaktoren** unterteilen lassen (Deci 1975).

Dabei beobachteten die Autoren im Wesentlichen die folgenden **intrinsischen Anreize**:

- Erleben sog. **Flow-Zustände** (vgl. 4.3.4): Flow-Zustände ließen sich im Rahmen von teilnehmender Beobachtung durch den Erstautor immer wieder bei der alltäglichen Arbeit bei Insiders Technologies beobachten. Die innovationsorientierte und gleichsam fehlertolerante Unternehmenskultur ist maßgeblich dafür verantwortlich, dass sich die Mitarbeiter wohl fühlen und motiviert sind, täglich für den Erfolg des Unternehmens zu arbeiten.
- Des Weiteren wurde **Altruismus** wiederholt als Treiber von den Beitragenden angeführt. Die Beitragenden scheinen also bereits dadurch motiviert, ihr Wissen

zu teilen. So unterstellen die Beitragenden, dass ihre Weblog-Einträge anderen Programmierern die Arbeit erleichtern – und Software von Microsoft verbessert und nutzerfreundlicher gestaltet wird.

- Ein **Zugehörigkeitsgefühl** zur Gemeinde der Entwickler ist ein weiterer Faktor, der als intrinsisch motivierend ins Feld geführt wurde. Ein Autor führte beispielsweise an, er sei „extremely happy to be part of this growing community" (Kaiser und Müller-Seitz 2008, 213).
- Schließlich wurde noch die Möglichkeit der **freien Meinungsäußerung** genannt. Der Weblog-Technologie wurde dabei explizit zugeschrieben, auch Raum für den Ausdruck von Gefühlen zu bieten, so dass sich Beitragende nicht bevormundet fühlten, wie es oftmals in anderen unternehmensbetriebenen Internetauftritten und Austauschforen der Fall sei. Dies steht erneut im Einklang mit der fehlertoleranten Unternehmenskultur bei Insiders Technologies.

Demgegenüber konnten die folgenden **extrinsischen Anreize** der Beitragenden festgehalten werden:

- Die Verbesserung der eigenen Fähigkeiten wird als ein zentraler Aspekt begriffen, was also eine Form des **Eigennutzes** darstellt.
- Außerdem kann ein **Reputationsaufbau** erfolgen. Da die Einträge bei Weblogs zeitlich und vor allem auch personell kodiert sind, lässt sich leicht nachweisen, wie viel eine bestimmte Person zum Wissensaustausch beigetragen hat. Diese Sichtbarkeit empfanden viele der Probanden als motivierend: „It is how I show my expertise in upcoming technology and distinguish my name" (Kaiser und Müller-Seitz 2008, 214).

  Ähnliches lässt sich bei Confluence, der Wiki-Plattform von Insiders Technologies, beobachten. Denn auch hier können Interessierte nachverfolgen, wer welche Einträge wann vorgenommen hat und wie diese evaluiert wurden.
- Schließlich konnte noch der vermutete positive Effekt auf die **eigene Karriere** als intrinsisch motivierend festgehalten werden. Es wurde wiederholt durch die Probanden angeführt, dass Beiträge zu einem Projekt, beispielsweise die Entwicklung der Benutzeroberfläche von Microsoft Longhorn, bei künftigen Bewerbungsgesprächen gewinnbringend in Anschlag gebracht werden könnten.

Es bleibt also abschließend festzuhalten, dass **Internet-basierte Austauschforen unter Umständen gängigen Herausforderungen des Wissensmanagements zumindest partiell begegnen** können. Vor diesem Hintergrund verwundert es nicht, dass das Intranet mitsamt sämtlicher damit einhergehender kollaborativer Software bei Insiders Technologies sorgfältig gepflegt wird, da es als wichtige Plattform für das Wissensmanagement wahrgenommen wird.

Eine weitere wissenschaftliche Debatte mit verschiedenen Bezügen zu Insiders Technologies, die auch impliziten Wissenstransfer berücksichtigt, betrifft **Communities of Practice** (Lave und Wenger 1991; Wenger 2000). Unter diesem Begriff werden Kleingruppen von zumeist Experten mit unterschiedlichen inhaltlichen Schwerpunkten verstanden, die durch informelle Austauschforen gleichartige Probleme thematisieren bzw. Lösungsfindungen anstreben. Dabei steht das Teilen und Beitragen der eigenen Expertise im Vordergrund. Somit wird bei Communities of

Practice der Wissenstransfer letztlich als soziales und gleichsam kollektives Phänomen wahrgenommen.

Im Fall von Insiders Technologies kann dies – bedingt durch die fehlertolerante Innovationskultur – etwa existierende Probleme bei der Weiterentwicklung der künstlichen Intelligenz **OVATION** betreffen. Auch in diesem Fall finden sich fachabteilungsübergreifend Experten ein, um gemeinsam Probleme zu beheben und die Softwareanwendungen von Insiders Technologies gemeinsam weiter zu verbessern.

Auch die bei Communities of Practice vorzufindende Grundannahme der **Selbstorganisation** spiegelt sich wie bereits eingeführt bei Insiders Technologies wider. Die Freiheit, sich einer Herausforderung oder Aufgabe anzunehmen und die Lösungsfindung eigenständig voranzutreiben, ist bei Insiders Technologies ein leicht zu beobachtendes Phänomen. Überspitzt formuliert ließe sich vor diesem Hintergrund in Anlehnung an Lave und Wenger (1991) eine Organisation – das Unternehmen Insiders Technologies – als Gemeinschaft begreifen, die wiederum aus kleineren Gemeinschaften (Communities of Practice) besteht.

Auch im Hinblick auf Communities of Practice kommt der Unternehmenskultur eine zentrale Bedeutung zu. Denn die wesentliche Herausforderung bezüglich des Managements von Communities of Practice besteht in dem Management von Informalität – sowohl mit Blick auf das explizite, aber vor allem auch das implizite Wissen sowie den zwischenmenschlichen Umgang. Angesichts der hohen Bedeutung von Informalität scheint es plausibel, davon auszugehen, dass Communities of Practice nicht im engeren Sinne gesteuert werden können (Brown und Duguid 1991; Wenger 2000). Daher rückt als Aufgabe des Managements nicht die direkte Einflussnahme auf Communities in den Vordergrund, sondern vielmehr die Schaffung von **Rahmenbedingungen** für ein möglichst reibungsloses Entstehen und Funktionieren von Communities of Practice. Ein solches **Kultivieren von Communities of Practice** hebt sich mithin von einem vermeintlich allmächtigen Top-down-Managementverständnis deutlich ab.

4.5.2.2 Fähigkeit der Wissensabsorption

Wie lassen sich das organisationale Lernen und der Prozess der Wissensaufnahme nun systematisch vor dem Hintergrund einer einzelnen Organisation, wie etwa Insiders Technologies, konzipieren? Hierzu haben Cohen und Levinthal (1990) den Ansatz der **Absorptionsfähigkeit (Absorptive Capacity)** einer Organisation formuliert. Ihre Überlegungen zielen dabei in erster Linie auf Forschungs- und Entwicklungsaktivitäten bzw. dahingehend relevantes Wissen ab, wenngleich ihr mittlerweile sehr weit verbreitetes Konzept auch in anderen Kontexten angewandt wurde.

Die Autoren konzentrieren sich dabei im Wesentlichen auf die Fähigkeit einer Organisation, sich externes Wissen aneignen zu können, dieses zu integrieren und auszubeuten, um so am Markt reüssieren und Innovationen hervorbringen zu können. Die Absorptionsfähigkeit wird dabei maßgeblich von der existierenden Wissensbasis der fokalen Unternehmung beeinflusst. Dies betrifft sowohl explizites als auch implizites Wissen.

Die bereits erörterte **Teilnahme der Mitarbeiter von Insiders Technologies an Konferenzen** ließe sich vor dem Hintergrund der Absorptionsfähigkeit wie folgt interpretieren: Durch die Teilnahme können Informationen im Rahmen von Präsentationen von Wettbewerbern oder anderen Organisationen systematisch gesammelt werden. Die Aufbereitung in Form von Kurzprotokollen zu den wichtigsten Aussagen der jeweiligen Präsentationen und die Bereitstellung dieser Dokumente in Confluence wäre dann der Aspekt der Wissensintegration und -dissemination im Unternehmen (vgl. ähnlich Müller-Seitz und Güttel 2014 sowie die nachstehenden Ausführungen zu interorganisationalem Wissenstransfer). Die Verbreitung des Wissens wäre sodann gefolgt von der Ausbeutung des Wissens bzw. der Integration in die eigene Wissensbasis, indem beispielsweise Mitarbeiter von Insiders Technologies, die nicht an der Konferenz teilgenommen haben, auf das Wissen zurückgreifen und es für die eigenen Arbeitsbelange bei Insiders Technologies erfolgreich reinterpretieren, mithin also für sich nutzbar machen.

Ein **Lernen aus Fehlern** ist ein weiterer Aspekt, den es auch mit Blick auf die wissenschaftliche Diskussion festzuhalten gilt. Wie am Beispiel von Insiders Technologies vorgestellt, ermöglicht eine fehlertolerante Innovationskultur ein produktives Arbeitsumfeld. Dies lässt sich damit begründen, dass Mitarbeiter sich trauen, Fehler zu machen und aus diesen zu lernen.

Allerdings gilt es einschränkend zu konstatieren, dass ein Lernen aus Fehlern nicht zwangsläufig die Folge ist; so naheliegend dies auch auf den ersten Blick sein mag. Denn unterschiedliche Studien dokumentieren, wie selbst im Fall dramatischer organisationaler Krisen ein Lernen erstaunlicherweise ausbleiben kann. So zeigt Elliott (2009) beispielsweise auf, wie staatliche Institutionen wiederholt im Fall der Sicherung des Kindeswohls scheitern. Ein fehlender Austausch zwischen den relevanten Akteuren kann so dringend notwendige Lern- und Wandelprozesse verhindern und weitere Katastrophen, wie etwa Tote und Verletzte in Englands Fußballstadien (Elliott und Smith 2006), können ihren Lauf nehmen. Auch dokumentieren Schüßler et al. (2014), wie auf globaler Ebene Akteure in Form der Weltklimaverhandlungen letztlich scheitern können bzw. die Verhandlungen über die Zeit hinweg nahezu zum Erliegen kommen können, ein Lernen mithin trotz aufwändiger Ressourcenausstattung der Weltklimakonferenzen also ausbleibt.

4.5.2.3 Formen interorganisationalen Wissenstransfers

Begreift man den **Austausch zwischen Organisationen** als Chance für Wissenstransfer, so lassen sich unterschiedliche Konstellationen herausarbeiten. Einerseits betrifft dies **Dyaden**, verstanden als Verbindungen zwischen zwei Organisationen (hier und im Folgenden s. ausführlich Sydow et al. 2016). Drei oder mehr Organisationen bilden schließlich ein **interorganisationales Netzwerk**.

In aller gebotenen Kürze sei darauf verwiesen, dass die Unterschiede zwischen Dyaden und Netzwerken deutlich tiefgreifender sind als nur die reine Anzahl der beteiligten Akteure. Während im Fall einer Dyade die Machtkonstellationen vergleichsweise klar zu Tage treten, da entweder eine Partei überlegen ist oder beide Parteien zu pari Entscheidungen treffen, lässt sich dieser Sachverhalt nicht so eindeutig und einfach für interorganisationale Netzwerke konstatieren. Denn

Machtkonstellationen zwischen drei Organisationen können variieren. Als einfaches Gedankenspiel sei auf **Dual-Sourcing-Situationen** verwiesen, in denen beispielsweise Automobilhersteller, wie Volkswagen, annahmegemäß Preise und Qualität weitestgehend bestimmen und Zulieferunternehmen, wie etwa Continental und Bosch, gegeneinander ausspielen. Allerdings lässt sich diese Machtkonstellation auch umkehren. Denn bis zu diesem Zeitpunkt wurde zumindest implizit bei diesem Beispiel unterstellt, dass beide Zulieferfirmen nicht miteinander kommunizieren. Würden sie dies tun und sich gegen den Automobilhersteller verbünden, könnte die Machtbalance zugunsten der Zulieferer ausschlagen.

Was macht nunmehr den Wissenstransfer bei interorganisationalen Kontexten so relevant und gleichsam herausfordernd? Die **Relevanz** rührt daher, dass eine Reihe von Studien aufgezeigt hat, dass für das Hervorbringen von Innovationen Unternehmensverbindungen von Vorteil sein können. Dies steht im Einklang mit aktuellen Konzepten des Innovationsmanagements, wie etwa Chesbroughs (2003) Idee offener Innovationsprozesse (Open Innovation). Folgt man Chesbrough, so bietet sich der interorganisationale Austausch in Innovationsnetzwerken an, da so u. a. gemeinsame Entwicklungsrisiken und die damit verbundenen Kosten reduziert werden können und Synergien sowie Skaleneffekte durch die Kooperation erschlossen werden können. Ähnlich argumentieren Powell et al. (1996), die Netzwerke sogar als ‚locus of innovation' bezeichnen und auf den Wissensfluss in netzwerkartigen Kooperationsformen verweisen.

Herausfordernd sind interorganisationale Beziehungen wiederum insofern, als gerade mit Blick auf das Hervorbringen von Innovationen rechtliche Barrieren existieren und daher u. a. auch **Vertrauen** aufgebaut werden muss (Das und Teng 2001; Sydow et al. 2013), um miteinander kooperieren zu können. Dabei wird Vertrauen in eine Kooperation als das Gewähren eines Vorschusses interpretiert, was aber üblicherweise auch mit dem Eröffnen einer Flanke einhergeht, die einen Akteur verwundbar macht (Möllering 2006).

Nun wollen wir uns schließlich noch einem Konzept zuwenden, welches im Rahmen des strategischen Managements bzw. Innovationsmanagements in jüngster Zeit an Aktualität gewonnen hat, **Field-configuring Events** oder feldkonfigurierende Ereignisse (für einen Überblick s. Müller-Seitz und Schüßler 2013). Dieses Konzept wurde von Lampel und Meyer (2008) in die Diskussion eingebracht und hat bereits im Namen Bezüge zum Ansatz organisationaler Felder, wie er durch die Neoinstitutionalisten DiMaggio und Powell (1983) vorgestellt wurde.

Lampel und Meyer (2008) zufolge handelt es sich bei Field-configuring Events um Phänomene wie Produktpräsentationen (z. B. die mittlerweile legendären Präsentationen neuer Apple-Produkte), Preisverleihungen (z. B. die Oscar-Wettbewerbe in Hollywood), Messen (z. B. die CEBIT – Centrum für Büroautomation, Informationstechnologie und Telekommunikation) oder Konferenzen (z. B. die bereits erwähnte IDCAR – International Conference on Document Analysis and Recognition). Betrachtet man nun die Eigenschaften dieser auf den ersten Blick unterschiedlichen Formen von organisierten Veranstaltungen, so lässt sich laut Lampel und Meyer (2008, 1026f.) dennoch eine Reihe von typischen **Gemeinsamkeiten** festhalten, die sich am Beispiel der Konferenz gut illustrieren lassen (vgl. Hinweise in Klammern):

- Field-configuring Events vereinen Akteure unterschiedlicher professioneller, organisationaler und geografischer Hintergründe (die Teilnehmer der Konferenz stammen aus unterschiedlichen Fachgebieten hinsichtlich der Dokumentenanalyse).
- Field-configuring Events weisen eine zeitliche Begrenzung auf, üblicherweise wenige Stunden bis wenige Tage (die Konferenz ist auf wenige Tage begrenzt).
- Field-configuring Events ermöglichen den unstrukturierten persönlichen Austausch zwischen Personen (z. B. können Teilnehmende im Rahmen von Mahlzeiten oder beim Einnehmen von Sitzplätzen bei Vorträgen zufällig aufeinandertreffen).
- Field-configuring Events beinhalten dramaturgische und zeremonielle Aktivitäten (z. B. Keynotes oder die Kür des besten Konferenzbeitrags).
- Field-configuring Events sind Veranstaltungen, bei denen Informationen ausgetauscht werden und kollektive Sinngebungsprozesse (Weick 1995) stattfinden (z. B. indem technologisch dominante Trends gemeinsam identifiziert werden, was sich in der Anzahl und Qualität der Beiträge niederschlagen kann).
- Field-configuring Events erzeugen soziale und reputationsbezogene Ressourcen, die anderweitig in Anschlag gebracht werden können. Neu hinzugewonnene Kontakte auf einer Konferenz können zu späterem Zeitpunkt aktiviert werden.

Field-configuring Events stellen in diesem Zusammenhang insofern eine Herausforderung für die Unternehmensführung dar, als Organisationen die Beteiligung – oder auch bewusste Abwesenheit – an diesen organisierten Veranstaltungen reflektieren sollten. Die Unternehmung Intel versteht es beispielsweise sehr gut, sich an Field-configuring Events zu beteiligen und damit politische Interessen zu verfolgen (vgl. illustrativ Müller-Seitz und Güttel 2014). Indem die Organisation beispielsweise gezielt Nachrichten hinsichtlich technologischer Entwicklungen vor, während und nach diesen Veranstaltungen lanciert, sich an der Auswertung und Präsentation feldweiter Trends ‚freiwillig' und pro bono beteiligt sowie den Wissenstransfer aus diesen Veranstaltungen heraus in die Unternehmung hinein fördert, ist sie in der Lage, großen Nutzen aus der Teilnahme an diesen Veranstaltungen zu ziehen.

5 Fazit und Ausblick

Kompakt:

Nach der Lektüre dieses Kapitels sind Sie in der Lage, …

- … die zentralen Managementempfehlungen für den Umgang mit der digitalen Transformation wiederzugeben,
- … Rückschlüsse für Ihre eigene Unternehmung zu reflektieren,
- … sich mit künftigen Entwicklungsoptionen der digitalen Transformation auseinanderzusetzen sowie
- … konzeptionelle Weiterentwicklungen und Implikationen eines Managements der digitalen Transformation zu berücksichtigen.

Die vorliegende Monographie baut auf der vielfach konstatierten **Grundannahme** auf, dass die digitale Transformation zu nachhaltigen und sich selbst verstärkenden, immer schnelleren und tiefgreifenden Änderungen in Wirtschaft, Gesellschaft und dem Management von Unternehmen führen wird (Brynjolfsson und McAfee 2016; Ford 2015; Frey und Osborne 2017; Lingnau et al. 2017b; Kagermann et al. 2013; Schwab 2016). Folgt man dieser Prämisse, so lässt sich konsequenterweise festhalten, dass nicht die Frage zu stellen ist, ob die digitale Transformation Auswirkungen auf die eigene Unternehmung haben wird. Es scheint vielmehr dringend notwendig, sich damit auseinanderzusetzen, wie die digitale Transformation bestmöglich zu bewältigen ist (Heinlein und Weiss 2017). Unter Rekurs auf Beck (2016) ließe sich dahingehend pointiert auch von einer Metamorphose sprechen, die bereits begonnen hat und deren Wirkungen schon zu spüren sind. Der Autor zielt mit dem Begriff auf die vielfach unbeabsichtigten Nebeneffekte und das Verschwimmen der Grenze von Technologie und Mensch ab (Beck 2016, 146). Zu Illustrationszwecken verweist Beck in diesem Zusammenhang auf Facebook, wo sich das Verschwimmen der Grenze und die damit einhergehende Metamorphose gut illustrieren lässt. Denn bei Facebook existieren durchaus Wechselwirkungen zwischen dem virtuellen ‚Ich' (dies ist bei Facebook von zentraler Bedeutung) und dem realen ‚Ich' (z. B. ist bei Facebook die ‚reale' Position innerhalb einer Unternehmung im Sinne des eigenen Arbeitsplatzes eher unwichtig), was sich u. a. durch den Zuspruch, den die Person in Form von ‚Freunden' bei Facebook erhält, manifestiert.

Die bisherigen, primär ingenieurs- und naturwissenschaftlichen Beiträge zur digitalen Transformation liefern wenige Erkenntnisse darüber, was mögliche Implikationen für das Management sind (Lingnau et al. 2017a). Sofern Managementfragestellungen thematisiert werden, geschieht dies üblicherweise am Beispiel von zumeist U.S.-amerikanischen Großkonzernen, wohingegen die Perspektive eines mittelständischen Unternehmens selten oder gar nicht in den Mittelpunkt gerückt wird.

Vor diesem Hintergrund war es **Zielsetzung dieses Buchs**, die Leser für digital gestützte technologische Umbrüche zu sensibilisieren und aufzuzeigen, wie aus

Sicht eines mittelständischen Hidden Champions die digitale Transformation bewältigt werden kann. Dafür wurden **vier Erfolgsfaktoren** am Beispiel von Insiders Technologies herausgearbeitet und vor dem Hintergrund des Standes der Forschung interpretiert. Die **zentralen Lerneffekte** sind in der nachstehenden Darstellung wiedergegeben.

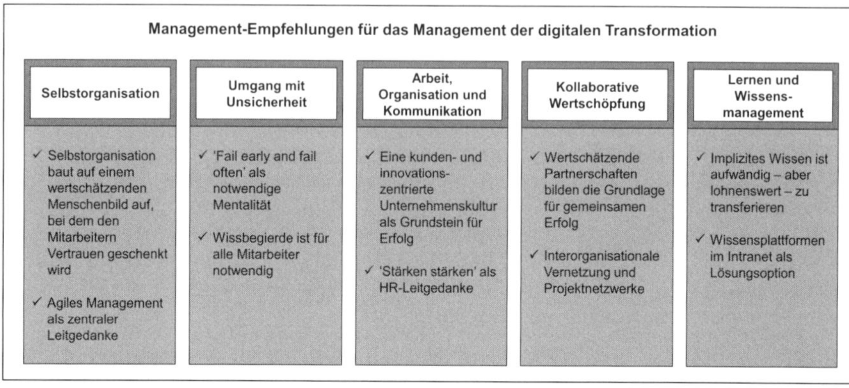

Darst. 5.1: Managementempfehlungen für mittelständische Unternehmen hinsichtlich des Managements der digitalen Transformation.

Einschränkend ist festzuhalten, dass natürlich nicht in jedem Unternehmen **Rahmenbedingungen** wie bei Insiders Technologies vorzufinden sind. Beispielsweise wird nicht jedes mittelständische Unternehmen auf Kunst in den Betriebsstätten Wert legen können. So ist es nur schwer vorstellbar, dass in einer Fabrik bei Schweißtätigkeiten ein Werk von Dietmar Brixy die Wand ziert. Dennoch halten wir die grundlegenden Managementempfehlungen durchaus für übertragbar. So kann der im Zusammenhang mit Kunst angesprochene Umgang mit Unsicherheit – etwa mit Blick auf das Lernen aus Fehlern im Zuge einer Kultur des ‚positiven Scheiterns' – durchaus auch als Maxime für Schweißarbeiten gelten. Eng damit verknüpft ist die Wertschätzung gegenüber den Mitarbeitern sowie die Annahme, dass diese Mitarbeiter die eigentlichen Quellen für Innovationen darstellen. Wie das Beispiel des positiven Scheiterns nahegelegt hat, sind die getroffenen Managementempfehlungen somit nicht nur auf Insiders Technologies anwendbar, sondern tendenziell auch für den Kontext des Schweißens ansatzweise generalisierbar.

Was kann nunmehr noch als **Ausblick** festgehalten werden? Welche Indizien lassen sich in Anschlag bringen, welche Wirkeffekte die digitale Transformation nach sich ziehen wird? Aufbauend auf den präsentierten Inhalten können sowohl mit Blick auf die Unternehmenspraxis als auch für die Theorieentwicklung erste Konturen skizziert werden.

Für die **Unternehmenspraxis** kann u. a. angeraten werden, weitere Managementansätze oder Werkzeuge (‚Tools') für das Management der digitalen Transformation zu entwickeln. Die Open-Source-Software-Bewegung hat hier sicherlich den greifbarsten und nachhaltigsten Einfluss bis dato ausgeübt. So ist beispielsweise Scrum als agiler Managementansatz im Rahmen des Produktentwicklungsprozesses mittlerweile ebenso fester Bestandteil bei Insiders Technologies wie auch bei anderen Unternehmen. Design Thinking liefert ebenfalls Anregungen, wie das Innovationsmanagement iterativer und kundenorientierter radikale Innovationen hervorbringen kann.

Aus **theoretisch-konzeptioneller Perspektive** kann gefragt werden, wie agil ein agiles Management eigentlich sein kann? Denn konsequent zu Ende gedacht hieße eine agile Organisation ja, dass kaum mehr oder gar keine ‚nicht agilen' strukturellen Elemente in einer Organisation vorzufinden wären. Hierin ließen sich nämlich Parallelen zu der Frage nach dem größtmöglichen Maß an Flexibilität und Fluidität von Organisationsformen ziehen, die bereits an anderer Stelle erörtert und kritisch hinterfragt wurde (Schreyögg und Sydow 2010). Denkbar wäre es beispielsweise, nach Extrembeispielen für agile Organisationen zu suchen, um so Rückschlüsse mit Blick auf die Stichhaltigkeit und Generalisierbarkeit der Aussagen zu ziehen.

Ein weiterer Forschungsbedarf lässt sich anknüpfend an den Gedanken der Metamorphose-Metapher (Beck 2016) ausmachen: Das Verschwimmen der Grenzen zwischen Mensch und Maschine bzw. Mensch und Technologie. Plakativ ließe sich hier auf Cyborgs verweisen (Haraway 1991; Nyberg 2009). Ähnlich ließe sich auch hinterfragen, inwiefern Technologie theoretisch-konzeptionell nicht mehr nur reinen Objektcharakter aufweist, sondern zunehmend Subjektcharakter erhält. Hierzu liefert beispielsweise die Forschungsrichtung der Soziomaterialität (Leonardi und Barley 2010) mit ihrem Hauptaugenmerk auf das Wechselspiel zwischen Mensch und Maschine Anknüpfungspunkte, die für die weitere Forschung von Interesse sein dürften. Am Beispiel der Mensch-Maschine-Interaktion im Flugcockpit der Air-France-Maschine AF 447 liefern Berthod und Müller-Seitz (2018) eine anschauliche empirische Evidenz, wie dieser Problemkomplex im wahrsten Sinne des Wortes über Leben und Tod entscheiden kann.

Schlussendlich soll nochmals nachdrücklich darauf verwiesen werden, dass eine weitergehende Auseinandersetzung aus Sicht von Managementforschung *und* -praxis unbedingt geboten ist. Das Themenfeld ausschließlich ingenieurs- und naturwissenschaftlichen Betrachtungen zu überlassen, ist nicht ratsam. Ein unreflektierter Umgang könnte gar in der **Gefahr einer totalitären Techniksichtweise** münden, die weder der Realität gerecht würde noch aus humanitärem Blickwinkel wünschenswert erscheint. Eine unkritische Haltung gegenüber technologischen Entwicklungen, wie sie im Extrembeispiel derzeit in der Volksrepublik China mit Blick auf das sog. Sozialkredit-System (Lee 2017) – einem Maßstab zur Messung konformen individuellen Verhaltens im finanziellen, sozialen und politischen Bereich – beobachtet werden kann, sind sichtbare Belege für ehemals dystopisch erscheinende Visionen eines George Orwell (1976) mit Blick auf den ‚Big Brother'. Insofern soll an dieser Stelle abschließend im Einklang mit dem vorgelegten Managementverständnis zu einer möglichst offenen Haltung und Diskussion angeregt werden.

Quellenverzeichnis

Abrahamson, E., Fairchild, G. 1999. Management Fashion: Lifecycles, Triggers, and Collective Learning Processes. Administrative Science Quarterly 44(4), 708-740.

adimas 2018. nerve cells. Elektronisch veröffentlicht unter der URL: https://stock.adobe.com/de/images/nerve-cells/78707112?prev_url= detail. Letzter Zugriff: 10.07.2018.

Adler, N. J. 2015. Finding Beauty in a Fractured World: Art Inspires Leaders – Leaders Change the World. Academy of Management Review 40(3), 480-494.

Agile Alliance 2018. Agile Alliance. Elektronisch veröffentlicht unter der URL: https://www.agilealliance.org. Letzter Zugriff: 13.06.2018.

Amit, R., Zott, C. 2001. Value creation in e-business. Strategic Management Journal 22(6-7), 493-520.

Baden-Fuller, C., Haefliger, S. 2013. Business Models and Technological Innovation. Long Range Planning 46(6), 419-426.

Barney, J. 1991. Firm Resources and Sustained Competitive Advantage. Journal of Management 17(1), 99-120.

Beck, K., Beedle, M., van Bennekum, A., Cockburn, A., Cunningham, W., Fowler, M., Greening, J., Highsmith, J., Hunt, A., Jeffries, R., Kern, J., Martin, R. C., Mellor, S., Schwaber, K., Sutherland, J., Thomas, D. 2001a. Manifest für Agile Softwareentwicklung. Elektronisch veröffentlicht unter der URL: http://agilemanifesto.org/iso/de/manifesto.html. Letzter Zugriff: 31.01.2018.

Beck, K., Beedle, M., van Bennekum, A., Cockburn, A., Cunningham, W., Fowler, M., Greening, J., Highsmith, J., Hunt, A., Jeffries, R., Kern, J., Martin, R. C., Mellor, S., Schwaber, K., Sutherland, J., Thomas, D. 2001b. Prinzipien hinter dem Agilen Manifest. Elektronisch veröffentlicht unter der URL: http://agilemanifesto.org/iso/de/principles.html. Letzter Zugriff: 31.01.2018.

Beck, U. 1988. Gegengifte. Die organisierte Unverantwortlichkeit. Frankfurt: Suhrkamp.

Beck, U. 2016. The Metamorphosis of the World. Cambridge: Polity Press.

Berger, P. L., Luckmann, T. 2004. Die gesellschaftliche Konstruktion der Wirklichkeit. 20. Aufl. Frankfurt am Main: Suhrkamp.

Berthod, O., Müller-Seitz, G. 2018. The Sociomateriality of Tragedies. Introducing the Luring Thread of Socio-Material Dissociation in the Case of the Air France Flight 447. Journal of Management Inquiry 27(1), 52-68.

Bleicher, K. 2004. Das Konzept Integriertes Management. Frankfurt am Main: Campus.

Brandenburger, A., Nalebuff, B. 1996. Co-opetition. 1. Aufl. New York: Doubleday.

Brown, J. L., Agnew, N. M. 1982. Corporate agility. Business Horizons 25(2), 29-33.

Brown, J. S., Duguid, P. 1991. Organizational learning and communities-of-practice: Toward a unified view of working, learning, and innovation. Organization Science 2(1), 40–57.

Brynjolfsson, E., McAfee, A. 2016. The Second Machine Age. New York: Norton.

Buchanan, D., Hällgren, M. 2017. Surviving a zombie apocalypse: Leadership configurations in extreme contexts. European Group for Organisational Studies Colloquium. Copenhagen.

Buckingham, M., Clifton, D. O. 2002. Entdecken Sie Ihre Stärken jetzt! Das Gallup-Prinzip für individuelle Entwicklung und erfolgreiche Führung. 2. Aufl. Frankfurt am Main: Campus.

Busarovs, A. 2013. Open Innovation: Current Trends and Future Perspectives. Humanities and Social Sciences Latvia 21(2), 103-119.

Cameron, K. S., Dutton, J. E., Quinn, R. E. 2003. Positive Organizational Scholarship. Foundations of a New Discipline. San Francisco: Berrett-Koehler.

Chesbrough, H. W. 2003. Open Innovation. The new imperative for creating and profiting from technology. Boston: Harvard Business School Press.

Chesbrough, H. W. 2006. Open Business Models: How to Thrive in the New Innovation Landscape. Boston: Harvard Business School Press.

Chesbrough, H. W., Appleyard, M. M. 2007. Open Innovation and Open Strategy. California Management Review 50(1), 57-76.

Cohen W. M., Levinthal, D. A. 1990. Absorptive capacity: A new perspective on learning and innovation. Administrative Science Quarterly 35(1), 128-152.

Colton, S. 2018. About me. Elektronisch veröffentlicht unter der URL: http://www.thepaintingfool.com/about/index.html. Letzter Zugriff: 20.06.2018.

Constant, D., Kiesler, S., Sproull, L. 1994. What's mine is ours, or is it? A study of attitudes about information sharing. Information Systems Research 5(4), 400-421.

Cooperrider, D. L., Sekerka, L. E. 2003. Toward a Theory of Positive Organizational Change. In: Cameron, K. S., Dutton, J. E., Quinn, R. E. Hrsg. 2003: Positive Organizational Scholarship: Foundations of a New Discipline, 225-240. San Francisco: Berrett-Koehler.

Corsten, H., Gössinger, R., Müller-Seitz, G., Schneider, H. 2016. Grundlagen des Technologie- und Innovationsmanagement. 2. Aufl. München: Vahlen.

Creusen, U., Müller-Seitz, G. 2008. Gaudi bei Gaudi. Personal 58(2), 46-49.

Creusen, U., Müller-Seitz, G. 2009. Das Positive-Leadership-GRID: Eine Analyse aus Sicht des Positiven Managements. Wiesbaden: Springer Gabler.

Csikszentmihalyi, M. 1975. Beyond Boredom and Anxiety San Francisco: Jossey-Bass.

Csikszentmihalyi, M. 1997. Finding Flow: The Psychology of Engagement with Everyday Life. 1. Aufl. New York: Basic Books.

Csikszentmihalyi, M., LeFevre, J. 1989. Optimal Experience in Work and Leisure. Journal of Personality and Social Psychology 56(5), 815-822.

Danner-Schröder, A., Müller-Seitz, G. 2017. Qualitative Methoden in der Organisations- und Managementforschung. Ein anwendungsorientierter Leitfaden für Datensammlung und -analyse. München: Vahlen.

Das, T. K., Teng, B.-S. 2001. Trust, control and risk in strategic alliances: An integrated framework. Organization Studies 22(2), 251-283.

Davenport, T. H., Prusak, L. 1998. Working Knowledge: How Organizations Manage What They Know. Boston: Harvard Business School Press.

David, P. A. 1985. Clio and the Economics of QWERTY. American Economic Review 75(2), 332-337.

Deci, E. L. 1975. Intrinsic Motivation. 1. Aufl. New York: Plenum Press.

Dhanaraj, C., Parkhe, A. 2006. Orchestrating innovation networks. Academy of Management Review 31(3), 659-669.

diephotodesigner 2018. diephotodesigner. Elektronisch veröffentlicht unter der URL: www.diephotodesigner.de. Letzter Zugriff: 10.07.2018

DiMaggio, P. J., Powell, W. W. 1983. The iron cage revisited: Institutional isomorphism and collective rationality in organizational fields. American Sociological Review 48(2), 147-160.

Dobusch, L., Müller-Seitz, G. 2012. Serial singularities: Network management by organizing events in the case of Wikimedia. Schmalenbach Business Review 64(3), 171-196.

Dobusch, L., Dobusch, L., Müller-Seitz, G. im Druck. Closing for the Benefit of Openness? The Case of Wikimedia's Open Strategy Process. Organization Studies.

du Preez, M. 2015. Taxonomies, folksonomies, ontologies: what are they and how do they support information retrieval?. The Indexer 33(1), 29-37.

Dyer, J., Nobeoka, K. 2000. Creating and managing a high-performance knowledge-sharing network: The Toyota case. Strategic Management Journal 21(3), 345-367.

Dyer, J., Singh, H. 1998. The relational view: Cooperative strategy and sources of interorganizational competitive advantage. Academy of Management Review 23(4), 660-679.

Easterby-Smith, M., Crossan, M., Nicolini, D. 2000. Organizational learning: Debates past, present and future. Journal of Management Studies 37(6), 783-796.

Eden, C., Huxham, C. 1996. Action research for management research. British Journal of Management 7(1), 75-86.

Elliott, D. 2009. The failure of organizational learning from crisis – A matter of life and death?. Journal of Contingencies and Crisis Management 17(3), 157-168.

Elliott, D., Smith, D. 2006. Cultural readjustment after crisis: regulation and learning from crisis within the UK soccer industry. Journal of Management Studies 43(2), 289-317.

ESB Professional 2018. Side view portrait of businesswoman using computer at office desk. Elektronisch veröffentlicht unter der URL: https://www.shutterstock.com/de/g/esb%20professional. Letzter Zugriff: 10.07.2018.

Florida, R. L. 2002. The Rise of the Creative Class. New York: Basic Books.

Folke, C. 2006. Resilience: The Emergence of a Perspective for Social-ecological Systems Analyses. Global Environmental Change 16(3), 253-267.

Ford, M. 2015. Rise of the Robots: Technology and the Threat of a Jobless Future. New York: Basic Books.

Freiling, J. 2001. Resource-based View und ökonomische Theorie. 1. Aufl. Wiesbaden: Deutscher Universitätsverlag.

Frey, C. B., Osborne, M. A. 2017. The future of employment: How susceptible are jobs to computerisation?. Technological Forecasting & Social Change 114(C), 254-280.

Gassmann, O., Enkel, E. 2006. Open Innovation: Die Öffnung des Innovationsprozesses erhöht das Innovationspotential. zfo 75(3), 132-138.

Giddens, A. 1984. The Constitution of Society: Outline of the Theory of Structuration. 1. Aufl. Cambridge: Polity.

Giddens, A. 2002. Runaway World. How Globalization is Reshaping Our Lives. London: Routledge.

Grabher, G. 1993. The weakness of strong ties: The lock-in of regional development in the Ruhr area. In: Grabher, G. Hrsg. 1993: The Embedded Firm, 255-277. London: Routledge.

Grant, R. M. 1996. Toward a knowledge-based theory of the firm. Strategic Management Journal 17(2), 109-122.

Günther, E. 2009. Klimawandel und Resilience Management: Interdisziplinäre Konzeption eines entscheidungsorientierten Ansatzes. Wiesbaden: Springer Gabler.

Handelsblatt 2016. Daimler. Mit der „Schwarm-Organisation" auf den Premium-Thron. Elektronisch veröffentlich unter der URL: http://www.handelsblatt.com/unternehmen/industrie/daimler-mit-der-schwarm-organisation-auf-den-premium-thron/14515590.html. Letzter Zugriff: 01.02.2018.

Haraway, D. J. 1991. A cyborg manifesto: Science, technology, and socialist-feminism in the late twentieth century. In: Haraway, D. J. Hrsg. 1991. Simians, cyborgs, and women, 149-182. London: Free Association Books.

Hansen, M. T., von Oettinger, B. 2001. Introducing T-shaped managers. Knowledge management's next generation. Harvard Business Manager 79(3), 106-116.

Heinlein, K., Weiss, W. 2017. Innovationskultur von Morgen – Zukunft gestalten im Zeitalter des digitalen Wandels. In: Lingnau, V., Müller-Seitz, G., Roth, S. Hrsg. 2017b: Management der digitalen Transformation, 245-258. München: Vahlen.

Hilgers, D., Müller-Seitz, G., Piller, F. 2010. Benkler Revisited – Venturing Beyond the Open Source Software Arena?. ICIS 2010 Proceedings. Paper 97. St. Louis.

Hodgkinson, G., Whittington, R., Johnson, G., Schwarz, M. 2006. The role of strategy workshops in strategy development processes: formality, communication, co-ordination and inclusion. Long Range Planning 39(5), 479–496.

Insiders Technologies GmbH 2017. start future forum | Impulse für den Berufseinstieg von jungen Talenten. Elektronisch veröffentlicht unter der URL: https://www.youtube.com/watch?v=Df6N9-ifJjs. Letzter Zugriff: 23.06.2018.

Insiders Technologies GmbH 2018. insiders technologies. Elektronisch veröffentlicht unter der URL: https://www.insiders-technologies.de/home.html. Letzter Zugriff: 26.06.2018.

Jackson, S., Dutton, J. E. 1988. Discerning Threats from Opportunities. Administrative Science Quarterly 33(3), 370–87.

Janis, I. L. 1982. Groupthink: Psychological Studies of Policy Decisions and Fiascoes. 2. Aufl. Boston: Houghton Mifflin.

Janssen, M., Charalabidis, Y., Zuiderwijk, A. 2012. Benefits, Adoption Barriers and Myths of Open Data and Open Government. Information Systems Management 29(4), 258-268.

Jeppesen, L. B., Lakhani, K. R. 2010. Marginality and Problem-Solving Effectiveness in Broadcast Search. Organization Science 21(5), 1016-1033.

Johnson, G., Prashantham, S., Floyd, S. W., Bourque, N. 2010. The Ritualization of Strategy Workshops. Organization Studies 31(12), 1589–1618.

Kagermann, H., Wahlster, W., Helbig, J. 2013. Umsetzungsempfehlungen für das Zukunftsprojekt Industrie 4.0. Frankfurt am Main: acatech.

Kaiser, S., Kansy, S., Müller-Seitz, G., Ringlstetter, M. 2010. The motivation of bloggers for organisational knowledge sharing and creation: a comparative case study to identify contingency factors influencing motivation. International Journal of Knowledge Management Studies 4(1), 80-108.

Kaiser, S., Müller-Seitz, G. 2008. Leveraging Lead User Knowledge in Software Development – The Case of Weblog Technology Economics of Open-source Collaboration. Industry & Innovation 15(2), 199-221.

Kaiser, S., Müller-Seitz, G., Lopes, M. P., Cunha, M. P. 2007. Weblog-Technology as a Trigger to Elicit Passion for Knowledge. Organization 14(3), 391-412.

Katz, R., Allen, T. J. 1982. Investigating the Not Invented Here (NIH) syndrome: A look at the performance, tenure, and communication patterns of 50 R & D Project Groups. R&D Management 12(1), 7-20.

Kelley, D., Kelley, T. 2015. Creative Confidence. Unleashing the Creative Potential Within Us All. London: Harper Collins.

Kenis, P. N., Janowicz-Panjaitan, M. K., Cambré, B. 2009. Temporary organizations. Prevalence, logic and effectiveness. Cheltenham: Edward Elgar Publishing.

Kieser, A. 1996. Moden und Mythen des Organisierens. Die Betriebswirtschaft 56(1), 21-39.

Klei, A., Moder, M., Stockdale, O., Weihe, U., Winkler, G. 2017. Digital in chemicals: From technology to impact. Elektronisch veröffentlicht unter der URL: https://www.mckinsey.com/industries/chemicals/our-insights/digital-in-chemicals-from-technology-to-impact. Letzter Zugriff: 15.06.2018.

Klein, D., Tran-Gia, P., Hartmann, M. 2013. Big Data. Informatik-Spektrum 36(3), 319-323.

Knight, F. H. 1921. Risk, Uncertainty and Profit. Boston: Houghton Mifflin.

Kowalski, M., Schröder, A., Müller-Seitz, G., Braun, T. 2015. Organizational openness: Managing different forms of openness. 30th EGOS Colloquium. Athens.

Kozica, A. M. F., Gebhardt, C., Müller-Seitz, G., Kaiser, S. 2015. Organizational Identity and Paradox: An Analysis of the "Stable State of Instability" of Wikipedia's Identity. Journal of Management Inquiry 24(2), 186-203.

Kozinets, R. V. 2002. The Field Behind the Screen: Using Netnography for Marketing Research in Online Communities. Journal of Marketing Research 39(1), 61-72.

Lampel, J., Meyer, A. D. 2008. Guest Editors' Introduction. Journal of Management Studies 45(6), 1025-1035.

Lave, J., Wenger, E. 1991. Situated Learning. Cambridge: Cambridge University Press.

Lawrence, P. R., Lorsch, J. W. 1967. Organization and Environment: Managing Differentiation and Integration. Boston: Harvard University Press.

Lee, F. 2017. Die AAA-Bürger. Elektronisch veröffentlicht unter der URL: https://www.zeit.de/digital/datenschutz/2017-11/china-social-credit-system-buergerbewertung. Letzter Zugriff: 04.07.2018.

Leonard-Barton, D. 1992. Core Capabilities and Core Rigidities: A Paradox in Managing New Product Development. Strategic Management Journal 13(1), 111-125.

Leonardi, P. M., Barley, S. R. 2010. What's under construction here? Social action, materiality, and power in constructivist studies of technology and organizing. Academy of Management Annals 4(1), 1-51.

Leyh, C., Bley, K. 2016. Digitalisierung: Chance oder Risiko für den deutschen Mittelstand? – Eine Studie ausgewählter Unternehmen. HMD Praxis der Wirtschaftsinformatik 53(1), 29-41.

Leyh, C., Bley, K., Ott, M. 2018. Chancen und Risiken der Digitalisierung –Befragungen ausgewählter KMU. In: Hofmann, J. Hrsg. 2018: Arbeit 4.0 – Digitalisierung, IT und Arbeit, 29-51. Wiesbaden: Springer Vieweg.

Lingnau, V., Müller-Seitz, G., Roth, S. Hrsg. 2017a. Eine managementorientierte Perspektive auf die digitale Transformation. In: Lingnau, V., Müller-Seitz, G., Roth, S. Hrsg. 2017b: Management der digitalen Transformation: Interdisziplinäre theoretische Perspektiven und praktische Ansätze, 3-13. München: Vahlen.

Lingnau, V., Müller-Seitz, G., Roth, S. 2017b. Management der digitalen Transformation: Interdisziplinäre theoretische Perspektiven und praktische Ansätze. München: Vahlen.

Løwendahl, B. R. 1997. Strategic Management of Professional Service Firms. Copenhagen: Handelshojskolens.

Lopes, M. P., Pina e Cuna, M., Kaiser, S., Müller-Seitz, G. 2008. Positive Organizational Scholarship: Accentuating a Humanistic Perspective on Business. In: Amann, W., Pirson, M., Spitzeck, H., Khan, S., von Kimakowitz, E. Hrsg. 2008: Humanism in Business, 279-298. Cambridge: Cambridge University Press.

Luhmann, N. 1984. Soziale Systeme. Grundriß einer allgemeinen Theorie. 1. Aufl. Frankfurt am Main: Suhrkamp.

Luhmann, N. 2018. Soziale Systeme. Grundriß einer allgemeinen Theorie. 17. Aufl. Frankfurt am Main: Suhrkamp.

Maister, D. H. 1982. Balancing the Professional Service Firm. Sloan Management Review 24(1), 15-29.

Makridakis, S. 2017. The forthcoming Artificial Intelligence (AI) revolution: Its impact on society and firms. Futures 90(1), 46-60.

Mantere, S., Vaara, E. 2008. On the problem of participation in strategy: A critical discursive perspective. Organization Science 19(2), 341-358.

Manyika, J., Lund, S., Chui, M., Bughin, J., Woetzel, J., Batra, P., Ko, R., Sanghvi, S. 2017. Jobs lost, jobs gained: What the future of work will mean for jobs, skills, and wages. Reporting Paper. O.V. McKinsey.

March, J. G. 1991. Exploration and exploitation in organizational learning. Organization Science 2(1), 71-87.

Maturana, H., Varela, F. 1982. Autopoietische Systeme: Eine Bestimmung der lebendigen Organisation. In: Maturana, H. Hrsg. 1982. Erkennen: Die Organisation und Verkörperung von Wirklichkeit. Ausgewählte Arbeiten zur biologischen Epistemologie, 170-235. Braunschweig: Vieweg.

Matzler, K., Bailom, F., von den Eichen, S. F., Anschober, M. 2016. Digitale Disruption: Wie Sie Ihr Unternehmen auf das digitale Zeitalter vorbereiten. 1. Aufl. München: Vahlen.

McGregor, D. 1960. The human side of enterprise. New York: McGraw-Hill.

Meffert, H., Bruhn, M., Hadwich, K. 2015. Dienstleistungsmarketing: Grundlagen – Konzepte – Methoden. 8. Aufl. Wiesbaden: Springer Gabler.

Mergel, I., Desouza, K. C. 2013. Implementing open innovation in the public sector: The case of challenge.gov. Public Administration Review 73(6), 882-890.

Mintzberg, H., Waters, J. A. 1985. Of Strategies, Deliberate and Emergent. Strategic Management Journal 6(3), 257-272.

Möllering, G. 2006. Trust: Reason, Routine, Reflexivity. 1. Aufl. Oxford: Elsevier.

Möllering, G., Müller-Seitz, G. 2018. Direction, not destination: Institutional work practices in the face of field-level uncertainty. European Management Journal 36(1), 28-37.

Molloy, E., Whittington, R. 2005. Practices of Organising: Inside and Outside the Processes of Change. Advances in Strategic Management: Strategy Process 22(4), 491-515.

Molloy, J. C. 2011. The Open Knowledge Foundation. Open Data Means Better Science. PLoS Biology 9(12), 1-4.

Moore, G. E. 1965. Cramming more components onto integrated circuits. Electronics 38(8), 114-117.

Müller-Seitz, G. 2008. Positive Emotionalität in Organisationen – Identifikation realtypischer Erscheinungsformen und Gestaltungsoptionen aus Sicht des Humanressourcen-Managements. Wiesbaden: Springer Gabler.

Müller-Seitz, G. 2012. Leadership in Interorganizational Networks: A Literature Review and Suggestions for Future Research. International Journal of Management Reviews 14, 428-443.

Müller-Seitz, G. 2014a. Practising uncertainty in the case of large-scale disease outbreaks. Journal of Management Inquiry 23(3), 276-293.

Müller-Seitz, G. 2014b. Von Risiko zu Resilienz – zum Umgang mit Unerwartetem aus Organisationsperspektive. ZfbF 66(68), 102-122.

Müller-Seitz, G. 2015. Strategische Führung in Industrial Service Net-works: Leitgedanken zu Chancen und Grenzen aus Sicht von KMU. ZfbF 67(69), 17-34.

Müller-Seitz, G. 2017a. Impulse der Management- und Organisationsforschung. In: Lingnau, V., Müller-Seitz, G., Roth, S. Hrsg. 2017b: Management der digitalen Transformation – Interdisziplinäre theoretische Perspektiven und praktische Ansätze, 17-37. München: Vahlen.

Müller-Seitz, G. 2017b. Interorganisationale Dienstleistungsnetzwerke im Dienstleistungsbereich. In: Corsten, H., Roth, S. Hrsg. 2017: Handbuch Dienstleistungsmanagement, 551-564. München: Vahlen.

Müller-Seitz, G., Güttel, W. 2014. Toward a Choreography of Congregating – A practice-based perspective on organizational absorptive capacity in a semiconductor industry consortium. Management Learning 45(4), 477-497.

Müller-Seitz, G., Kowalski, M. 2018. Unternehmensnetzwerke. In: Corsten, H., Gössinger, R., Spengler, T. S. Hrsg. 2018: Handbuch Produktions- und Logistikmanagement in Wertschöpfungsnetzwerken, 86-103. Berlin: De Gruyter Oldenbourg.

Müller-Seitz, G., Reger, G. 2009. Is open source software living up to its promises? Insights for open innovation management from two open source software-inspired projects. R&D Management 39(4), 372-381.

Müller-Seitz, G., Schüßler, E. 2013. From Event Management to the Management of Events – A Process Perspective on Organized and Unexpected Field-Level Events. Managementforschung 23(1), 193-226.

Müller-Seitz, G., Sydow, J. 2012. Manoeuvring between Networks to Lead – A Longitudinal Case Study in the Semiconductor Industry. Long Range Planning 45(2-3), 105-135.

Müller-Seitz, G., Weiss, W. 2018. Kunst und Wissenschaft als Widerspruch? Auf den Spuren Leonardo da Vincis. Austrian Management Review, 23-32.

Müller-Seitz, G., Zühlke, D., Braun, T., Gorecky, D., Thielen, T. 2018. Netzwerkbasierte Geschäftsmodellinnovationen – Das Beispiel der Industrie 4.0-Anlage SmartFactoryKL. Die Unternehmung 72(2), 146-168.

Nagel, R. N. 1992. 21st Century Manufacturing Enterprise Strategy Report. Iacocca Institute, Lehigh University. Arlington.

Nicolini, D. 2007. Studying visual practices in construction. Building Research & Information 35(5), 576-580.

Nonaka, I., Takeuchi, H. 1997. Die Organisation des Wissens. Wie japanische Unternehmen eine brachliegende Ressource nutzbar machen. 1. Aufl. Frankfurt am Main: Campus.

Nordqvist, M., Melin, L. 2008. Strategic planning champions: Social craftspersons, artful interpreters and known strangers. Long Range Planning 41(3), 326-344.

Nyberg, D. 2009. Computers, Customer Service Operatives and Cyborgs: Intra-actions in Call Centres. Organization Studies 30(11), 1181-1199.

Obstfeld, D. 2005. Social Networks, the Tertius Iungens Orientation, and Involvement in Innovation. Administrative Science Quarterly 50(1), 100-130.

O'Reilly III, C. A., Tushman, M. L. 2008. Ambidexterity as a dynamic capability: Resolving the innovator's dilemma. Research in Organizational Behavior 28(1), 185-206.

Orwell, G. 1976. 1984. Frankfurt am Main: Ullstein.

Parsons, C., Styma, F., Leutiger, P., Lang, A., Born, D. 2017. Digitalisierung für die Menschen. Eine Agenda für mehr Wachstum, Bildung und Chancengerechtigkeit in den G20-Staaten. Elektronisch veröffentlicht unter der URL: https://www.rolandberger.com/de/Publications/pub_digitalization_for_the_people.html. Letzter Zugriff: 29.05.2018.

Parsons, T. 1951. The Social System. Glencoe: Free Press.

Picot, A., Reichwald, R., Wigand, R. 2003. Die Grenzenlose Unternehmung. Information, Organisation und Management. 5. Aufl. Wiesbaden: Springer Gabler.

Plattner, H., Meinel, C., Weinberg, U. 2009. Design-Thinking. München: mi-Wirtschaftsbuch.

Porter, M. 1980. Competitive Strategy: Techniques for analyzing industries and competitors. New York: Free Press.

Porter, M. 1992. Wettbewerbsvorteile, Spitzenleistungen erreichen und behaupten. 3. Aufl. Frankfurt am Main: Campus.

Powell, W. W., Koput, K. W., Smith-Doerr, L. 1996. Interorganizational collaboration and the locus of innovation: Networks of learning in biotechnology. Administrative Science Quarterly 41(1), 116-145.

Raisch, S., Birkinshaw, J. 2008. Organizational Ambidexterity: Antecedents, Outcomes, and Moderators. Journal of Management 34(3), 375-409.

Ringlstetter, M., Kaiser, S., Müller-Seitz, G. 2010. Positives Management – Zentrale Konzepte und Ideen des Positive Organizational Scholarship. 2. Auflage. Wiesbaden: Springer Gabler.

Ringlstetter, M., Klein, B. 2010. Konzernmanagement: Strategien und Strukturen. Stuttgart: Kohlhammer.

Rosa, H. 2005. Beschleunigung. Die Veränderung der Zeitstrukturen in der Moderne. 1. Aufl. Frankfurt am Main: Suhrkamp.

Rusbridger, A. 2013. The future according to Mr Google. Elektronisch veröffentlicht unter der URL: https://www.theguardian.com/technology/2013/apr/20/eric-schmidt-google-alan-rusbridger. Letzter Zugriff: 28.06.2018.

Saam, M., Viete, S., Schiel, S. 2017. Digitalisierung im Mittelstand: Status Quo, aktuelle Entwicklungen und Herausforderungen. Forschungsprojekt im Auftrag der KfW Bankengruppe. Mannheim.

Schein, E. H. 2004. Organizational Culture and Leadership. 3. Aufl. San Francisco: Jossey-Bass.

Schoemaker, P. J. H. 2002. Profiting from Uncertainty: Strategies for Succeeding No Matter What the Future Brings. New York: Free Press.

Schreyögg, G., Kliesch-Eberl, M. 2007. How Dynamic Can Organizational Capabilities Be? Towards a Dual-Process Model of Capability Dynamization. Strategic Management Journal 28(9), 913-933.

Schreyögg, G., Sydow, J. 2010. Crossroads – Organizing for fluidity? Dilemmas of new organizational forms. Organization Science 21(6), 1251-1262.

Schüßler, E., Rüling, C.-C., Wittneben, B. 2014. On melting summits: The limitations of field-configuring events as catalysts of change in transnational climate policy. Academy of Management Journal 57(1), 140-171.

Schumpeter, J. A. 1931. Theorie der wirtschaftlichen Entwicklung. Eine Untersuchung über Unternehmergewinn, Kapital, Kredit, Zins und den Konjunkturzyklus. 3. Aufl. München: Duncker & Humblot.

Schwab, K. 2016. The Fourth Industrial Revolution. New York: Crown Business.

Schwaber, K., Beedle, M. 2002. Agile Software Development With Scrum. Upper-Saddle River: Prentice Hall.

Schwaber K., Sutherland, J. 2017. The Scrum Guide™. The Definitive Guide to Scrum: The Rules of the Game. Elektronisch veröffentlicht unter der URL: http://scrumguides.org/docs/scrumguide/v2017/2017-Scrum-Guide-US.pdf. Letzter Zugriff: 26.06.2018.

Scrum Inc. 2018. scruminc. Elektronisch veröffentlicht unter der URL: https://www.scruminc.com/. Letzter Zugriff: 07.07.2018.

Seligman, M. E. P., Csikszentmihalyi, M. 2000. Positive Psychology: An Introduction. American Psychologist 55(1), 5-14.

Simon, H. 2012. Hidden Champions – Aufbruch nach Globalia: Die Erfolgsstrategien unbekannter Weltmarktführer. Frankfurt am Main: Campus.

Solis, B., Buvat, J., Khadikar, A. 2016. Digital Dynasties: The Rise of Innovation Empires Worldwide. Elektronisch veröffentlicht unter der URL: https://de.slideshare.net/capgemini/the-rise-of-innovation-empires. Letzter Zugriff: 20.06.2018.

Spector, R., Reeves, B. O. 2017. The Nordstrom Way to Customer Experience Excellence: Creating a Values-Driven Service Culture. 3. Aufl. New Jersey: Wiley.

Staber, U., Sydow, J. 2002. Organizational Adaptive Capacity: A Structuration Perspective. Journal of Management Inquiry 11(4), 408-424.

Statistisches Bundesamt 2015. 61 % der tätigen Personen arbeiten in kleinen und mittleren Unternehmen. Elektronisch veröffentlicht unter der URL: https://www.destatis.de/DE/ZahlenFakten/GesamtwirtschaftUmwelt/UnternehmenHandwerk/KleineMittlereUnternehmenMittelstand/Aktuell_.html. Letzter Zugriff: 25.05.18.

Stone, B. 2014. The Everything Store: Jeff Bezos and the Age of Amazon. London: Transworld Publishers.

Sydow, J. 1992. Strategische Netzwerke – Evolution und Organisation. Wiesbaden: Gabler.

Sydow, J., Müller-Seitz, G. 2011. Umgang mit Unsicherheit in Produktionsnetzwerken und Zulieferketten. Expertise für die Hans-Böckler-Stiftung Arbeitspapier 258. Düsseldorf.

Sydow, J., Müller-Seitz, G. im Druck. Open innovation at the interorganizational network level – Stretching practices to face technological discontinuities in the semiconductor industry. Technological Forecasting and Social Change.

Sydow, J., Müller-Seitz, G., Provan, K. 2013. Managing Uncertainty in Alliances and Networks: From Governance to Practice. In: Das, T. K. Hrsg. 2013: Managing Knowledge in Strategic Alliances, 1-43. Charlotte: Information Age Publishing.

Sydow, J., Schreyögg, G., Koch, J. 2009. Organizational Path Dependence: Opening the Black Box. Academy of Management Review 34(4), 689-709.

Sydow, J., Schüßler, E., Müller-Seitz, G. 2016. Managing Interorganizational Relations – Debates and Cases. 1. Aufl. London: Palgrave.

Sydow, J., Windeler, A., Müller-Seitz, G., Lange, K. 2012. Path Constitution Analysis – A Methodology for Understanding Path Dependence and Path Creation in the Semiconductor Manufacturing Tool Industry. Business Research 5(29), 155-176.

Teece, D. J. 2010. Business Models, Business Strategy and Innovation. Long Range Planning 43(2-3), 172-194.

Teece, D. J., Pisano, G., Shuen, A. 1997. Dynamic Capabilities and Strategic Management. Strategic Management Journal 18(7), 509-533.

Teichmann, S. 2001. Unternehmenstheater zur Unterstützung von Veränderungsprozessen. Wirkungen, Einflussfaktoren, Vorgehen. Wiesbaden: Deutscher Universitätsverlag.

Telegraph 2017. Famous quotes from 12 of the world‘s top business leaders and CEOs. Elektronisch veröffentlicht unter der URL: https://www.telegraph.co.uk/business/2017/09/26/famous-quotes-12-worlds-top-business-leaders-ceos/facebook-founder-ceo-mark-zuckerberg-speaks-stage-annual-facebook/. Letzter Zugriff: 06.06.2018.

The Economist 2017. Bish bash Bosch. A German hardware giant tries to become an ultra-secure tech platform. Elektronisch veröffentlicht unter der URL: https://

www.economist.com/business/2017/11/09/a-german-hardware-giant-tries-to-become-an-ultra-secure-tech-platform. Letzter Zugriff: 23.05.18.

Tidd, J., Bessant, J. 2013. Managing Innovation: Integrating Technological, Market and Organizational Change. 5. Aufl. Chichester: Wiley.

Torvalds, L., Diamond, D. 2001. Just for Fun: The Story of an Accidental Revolutionary. New York: Texere.

Tripsas, M. 2009. Technology, identity, and inertia through the lens of "The Digital Photography Company". Organization Science 20(2), 441-460.

Vázquez-Bustelo, D., Avella, L., Fernández, E. 2007. Agility drivers, enablers and outcomes. Empirical test of an integrated agile manufacturing model. International Journal of Operations & Production Management 27(12), 1303-1332.

van Maanen, J. 1976. Breaking in: Socialization to work. In: Dubin, R. Hrsg. 1976: Handbook of work, organization and society, 67-130. Chicago: Rand McNally.

Vicente-Lorente, J. D. 2001. Specificity and opacity as resource-based determinants of capital structure: evidence for Spanish manufacturing firms. Strategic Management Journal 22(2), 157-170.

von Hippel, E. 1986. Lead users. A source of novel product concepts. Management Science 32: 791-805.

Weick, K. E. 1995. Sensemaking in organizations. Thousand Oaks: Sage.

Wenger, E. C. 2000. Communities of Practice and Social Learning Systems. Organization 7(2), 225-246.

Wenzel, M., Koch, J. 2018. Strategy as staged performance: A critical discursive perspective on keynote speeches as a genre of strategic communication. Strategic Management Journal 39(3), 639-663.

Whittington, R., Cailluet, L., Yakis-Douglas, B. 2011. Opening strategy: Evolution of a precarious profession. British Journal of Management 22(3), 531-544.

Wilhelm, M. M. 2011. Managing Coopetition through Horizontal Supply Chain Relations: Linking Dyadic and Network Levels of Analysis. Journal of Operations Management 29(7-8), 663-676.

Williams, L., Kessler, R. 2002. Pair Programming Illuminated. Boston: Addison-Wesley.

Womack, J. P., Jones, D. T., Roos, D. 1992. Die zweite Revolution in der Autoindustrie. Konsequenzen aus der weltweiten Studie aus dem Massachusetts Institute of Technology. Frankfurt am Main: Campus.

zu Knyphausen-Aufseß, D. 1993. Why are Firms different? "Der Ressourcenorientierte Ansatz" im Mittelpunkt einer aktuellen Kontroverse im Strategischen Management. Die Betriebswirtschaft 53(6), 771-792.

Zwierlein, E. 1994. The Paradigm of Self-Organization and Its Philosophical Foundation. In: Mishra, R. K., Maaß, D., Zwierlein, D. E. Hrsg. 1994: On Self-Organization. An Interdisciplinary Search for a Unifying Principle, 288-298. Berlin: Springer.

Stichwortverzeichnis